ANALYSES

ET PROPRIÉTÉS

DES

NOUVELLES EAUX

DE PASSY.

ANALYSES CHIMIQUES

DES NOUVELLES EAUX

MINÉRALES,

VITRIOLIQUES, FERRUGINEUSES,

DECOUVERTES A PASSY DANS

la Maiſon de Madame DE CALSABIGI,

AVEC

LES PROPRIETÉS MEDICINALES de ces mêmes Eaux, fondées ſur les Obſervations des Médecins & Chirurgiens des plus célébres, dont on rapporte les Certificats authentiques.

Par Mr Venel et Bay

M. DCC. LVII.

AVERTISSEMENT.

CEs nouvelles Eaux Minérales n'ont aucun rapport avec celles des deux sources qui sont déja connues sous le nom d'Eaux de Passy. On verra quelle en est la nature par les trois Analyses Chimiques qui avoient déja paru en 1755, & qu'on a fait réimprimer ici , avec l'Extrait du Journal des Sçavans du mois d'Octobre de la même année, où l'on apprécioit ces Analyses & où l'on annonçoit tous les avantages que la Médecine pourroit retirer de cette découverte.

Ces Eaux sont en effet uniques dans leur genre & par la qualité des principes qu'elles contiennent , & par la quantité qu'elles réunissent de ces minéraux, ou par leur richesse. Elles sont à peu près de la même nature & de la même efficacité que les Eaux

de Spa lorsqu'on les a étendues dans
quatre fois autant d'eau simple ; &
c'est en les adoucissant ainsi qu'on
commence à en faire usage , afin de
s'y accoutumer peu à peu. Ainsi les
Médecins prescrivent d'abord de
mêler un verre de ces eaux avec
quatre ou même cinq verres d'eau
simple ; en observant d'augmenter
la dose de ces Eaux Minérales jusques au tiers , à la moitié , ou même
au deux tiers de l'eau commune ,
suivant le caractére de la maladie ,
le tempérament du malade & l'effet
qu'il en éprouve. Il y a quelques
personnes qui les ont prises toutes
pures , telles qu'elles sortent de la
source , & qui n'en ont été que plu-
tôt guéries sans qu'il en soit résulté
aucun inconvénient ; mais ces cas
sont rares , & on ne doit les employer
ainsi qu'avec beaucoup de précaution. On peut prendre pendant la
matinée jusques à deux pintes de
ces eaux adoucies , comme nous l'a-

yons dit ; mais la quantité qu'on doit en boire ne peut être déterminée que suivant les circonstances particuliéres où se trouve le malade.

Les propriétés de ces Eaux Minérales consistent principalement à fortifier les fibres relâchées, à arrêter les hémorrhagies, les écoulemens séreux, les diarrhées, &c. Elles peuvent être aussi d'un très-grand usage dans le scorbut, & appliquées à l'extérieur elles sont très-propres à déterger les vieux ulcéres fongueux & putrides ; mais on se convaincra davantage de leur efficacité dans les différentes maladies qui dépendent du relâchement, en jettant les yeux sur les Certificats de Messieurs les Médecins & Chirurgiens, qui attestent en avoir observé les effets les plus frappans dans un très-grand nombre de cas singuliers. Ces Certificats étant les garants les plus sûrs qu'on puisse offrir au Public, il seroit su-

 AVERTISSEMENT,

perflu d'entrer ici dans un plus grand détail à ce fujet.

Le prix de ces eaux eft de quinze fols *la bouteille*, ainfi qu'il a été fixé par l'*Arrêt du Confeil d'Etat* rapporté ci-après. Elles ne perdent abfolument rien par le tranfport. Pour la commodité du Public on a établi à Paris deux entrepôts de ces nouvelles Eaux Minérales où l'on en trouvera tous les jours & à toutes heures. Sçavoir, chez M. GIRARD, dans une maifon qui communique aux rues Beaurepaire & Tireboudin, la premiére porte eft près de l'Hôtel de Coaflin, & la feconde vis à-vis l'ancien Grand Cerf. M. GIRARD demeure au raiz-de-chauflée, la porte près du puits. L'autre Bureau eft chez le fieur NAY, au Caffé Anglois, rue Jacob, vis-à-vis celle de Saint Benoît, au Fauxbourg Saint Germain.

EXTRAIT

EXTRAIT
DES REGISTRES
DU CONSEIL D'ÉTAT.

Sur la Requête présentée au
Roy étant en son Conseil, par
Antoine de Calsabigi Ecuyer,
& Simonne Dorcet son Epouse,
contenant, qu'ayant découvert
dans la maison qu'ils possédent au
Territoire de Passy près Paris, des
Eaux Minérales dont l'Analyse a
été faite par les Sieurs Venel &
Bayen, commis à cet effet par
M. le Premier Médecin, Surintendant des Eaux Minérales de
France ; que cette Analyse ayant
prouvé que ces mêmes Eaux
étoient d'une nature ferrugineuse
vitriolique & plus fortes que celles de Spa, les Supplians en ont
envoyé à plusieurs Médecins &

A

Chirurgiens des plus célébres, qui leur en avoient demandé pour en éprouver l'utilité ; que l'effet de ces Eaux a répondu à l'idée qu'on en avoit conçûe, ainsi qu'il est démontré par les Certificats ci joints, desquels il résulte que ces Eaux font singuliérement efficaces pour les hémorrhagies, les écoulemens séreux invétérés, les relâchemens de l'estomac, les diarrhées colliquatives, les affections scorbutiques, les hémophtisies, & autres maladies de cette espéce ; enforte qu'il paroit important pour le bien public, que les Supplians foient autorisés dans la distribution desdites Eaux. Mais comme ils feront obligés de faire des dépenses confidérables, pour que ces fources puiffent fournir en tous les temps la quantité d'eau néceffaire aux usages publics, fans qu'il puiffe s'y mêler aucune eau étrangére,

ils efpérent que Sa Majefté vou-
dra bien y pourvoir en les auto-
rifant à vendre lefdites Eaux 24 f.
la pinte. Le public trouvera d'autant plus d'avantages dans cette
modicité du prix, qu'avec une
pinte de ces Eaux, on pourra en
faire quatre, en y ajoûtant trois
fois autant d'eau commune ; &
ces Eaux ainfi coupées, feront
encore d'une force au moins égale
à celles de Spa, qui coutent à
Paris 50 fols la pinte. A ces
causes, requeroient les Supplians qu'il plût à Sa Majefté leur
permettre de vendre & débiter
les Eaux Minérales découvertes à
Paffy, tant audit lieu de Paffy
qu'à Paris & dans tout le Royaume, moyennant le prix de 24 f.
la pinte ; faire defenfes à toutes
perfonnes de les troubler dans la
vente defdites Eaux, à peine de
3000 livres d'amende, & de tous
dépens, dommages & intérêts, &

fera l'Arrêt qui interviendra fur ladite Requête, exécuté nonob-ftant oppofitions, & tous empê-chemens quelconques ; vû ladite Requête, ouï le rapport. LE ROY ÉTANT EN SON CONSEIL, a permis & permet audit Sieur ANTOINE DE CALSABIGI, & SIMONNE DORCET fon Epoufe, de vendre & débiter lefdites Eaux Minérales de Paffy, tant audit lieu de Paffy que dans la Ville de Paris, & autres Villes du Royaume, à condition néanmoins de ne pouvoir les vendre plus de quinze fols la pinte mefure de Paris ; fait défenfes à toutes perfonnes de les troubler dans la vente & débit defdites Eaux, à peine de 3000 livres d'amende, & de tous dépens, dommages & intérêts ; & fera le préfent Arrêt exécuté nonobftant oppofitions ou empêchemens quelconques, pour lefquels ne fera différé, & feront fur icelui

toutes Lettres néceſſaires expé-
diées; fait au Conſeil d'Etat du
Roy , Sa Majeſté y étant, tenu à
Verſailles le 24 Novembre 1756.
Signé, PHELIPPEAUX.

EXAMEN CHIMIQUE

d'une Eau Minérale nouvellement découverte à *Paſſy*, dans la maiſon de M. DE CALSABI-GI, exécuté en conſéquence de l'Ordonnance de M. le Premier Médecin, du 25 Avril 1755, qui commet à cet effet les Sieurs VENEL & BAYEN, prépoſés par le Roy à l'Analyſe des Eaux Minérales du Royaume.

AUTRES ANALYSES

des mêmes Eaux Minérales, faites par M. ROUELLE, de l'Académie des Sciences, & par M. CADET, Apoticaire-Major de l'Hôtel Royal des Invalides, deux brochures in-8°.

QUOIQUE ces ouvrages ne ſoient pas conſidérables par leur

étendue , nous ne croyons pas devoir les paffer fous filence. Le principal but de notre Journal étant de faire connoître les nouvelles découvertes dans les fciences & dans les arts ; celle dont il s'agit ici y a d'autant plus de droit qu'on pourra en retirer de grands avantages pour la pratique de la Médecine.

Ces nouvelles Eaux Minérales ne reffemblent point à celles des deux fources déja connues au lieu de Paffy : elles font acides & vitrioliques martiales. Ce vitriol s'y trouve en fi grande quantité , qu'on peut regarder ces Eaux comme les plus riches qu'on connoiffe en ce genre. MM. VENEL & BAYEN font ceux qui en donnent l'Analyfe la plus détaillée. Ces nouvelles Eaux font claires & tranfparentes, elles ont un goût auftére ou ftiptique , acide & martial. Quoique gardées long-

temps dans un vaiſſeau, couvert
négligemment, elles ne ſe déco-
lorent point, ne perdent rien de
leur goût, & ne dépoſent preſque aucun ſédiment. Et c'eſt ſurtout à cet égard qu'elles différent
de toutes les Eaux de cette claſſe,
qui en très-peu de temps laiſſent
échaper leur principe ferrugineux. Cependant ces nouvelles
Eaux expoſées au feu, ſe trou-
blent & dépoſent une terre jaune
orangée, avant même que d'être
échauffées au dégré de l'ébullition. Elles deviennent alors un peu
moins colorées, quoiqu'elles con-
ſervent toujours leur goût auſtére.
Après avoir bouilli elles noirciſſent encore conſidérablement
étant mêlées avec la décoction de
noix de galle ; autre caractére qui
leur eſt particulier, puiſque les
Eaux martiales ordinaires, après
avoir éprouvé l'ébullition, ne ſont
plus précipitées par la noix de
galle.

(9)

On a recherché enfuite fi le fel vitriolique martial de ces Eaux ne contiendroit pas quelque partie de cuivre ; & pour le découvrir on a mis une lame de fer bien avi-vée dans deux livres d'Eau Miné-rale , d'abord froide & enfuite chaude , fans qu'il fe foit préci-pité aucune particule cuivreufe , ce qui n'auroit pas manqué d'ar-river en quelque petite quantité que le cuivre s'y fût trouvé com-biné.

On a fait évaporer l'eau au Bain-Marie , & on en a retiré d'a-bord la terre jaunâtre qui s'eft précipitée , enfuite une pellicule féléniteufe avec de petits grains ou criftaux au fonds du vaiffeau. On a réduit ainfi 18 liv. d'eau à 7 ou 8 onces , & cette liqueur concen-trée étoit d'un brun forcé , avoit un goût acide , faifoit effervef-cence avec les alkalis , mais ver-diffoit encore le fyrop de violette , propriété, obfervent nos Auteurs, fi inhérente aux diffolutions vitrioliques, que l'eau-mere de vitriol la plus manifeftement acide ne la perd point ; enforte que les épreuves des fels par le fyrop de violette font fouvent équivoques & illufoires. Cette liqueur mife à criftallifer, n'a donné que quelques pellicules féléniteufes.

On l'a enfuite pouffée au feu jufques à la réduire en confiftance de bouillie ; elle fe bourfouffloit alors & exhaloit des vapeurs acides qu'on a reconnu à l'odorat, pour un mêlange d'acide nitreux & d'acide de fel marin. La matiére étant placée dans un alambic de verre, on en a retiré par la diftillation une liqueur fenfiblement acide, qui étant faturée avec un alkali fixe pur, donna des criftaux de nitre & de fel marin régénéré très-diftincts.

Le réſidu qui étoit d'une ſaveur acide , ayant été rediſſous
dans ſix onces d'eau diſtillée, n'a
point donné de criſtaux ; ce qui
prouve que les ſels nitreux & ma-
rins , qui ſe ſont manifeſtés par la
diſtillation , avoient dans cette
eau une baſe terreuſe qui, combinée avec l'acide vitriolique , a
conſtitué avec lui un ſel ſéléniteux , lequel a été ſéparé par la
filtration.

Par une ſeconde évaporation
de 18 livres d'eau réduites à trois
onces , on a obtenu cinq petits
criſtaux de vitriol de Mars, qui
peſoient enſemble 15 grains ,
mais on n'en a point eu de nitre
ni de ſel marin. En diſtillant enſuite la liqueur ſéparée des criſtaux , on a obtenu une liqueur
de différens degrés d'acidité, qui
étant ſaturée avec de l'alkali fixe
pur , a fourni trois grains de
nitre & deux grains de ſel marin.

Dix - huit livres de ces eaux précipitées par l'alkali fixe de foude, ont donné un précipité compofé de la terre martiale, & d'une petite quantité de matiére féléniteufe. La liqueur furnageante filtrée a donné par la criftallifation 5 gros & demi de fel de glauber, & trois gros environ de félénite. Il a refté un gros de liqueur, qui expofée à l'évaporation a donné quelques petits criftaux de fel marin, mais point de nitre quadragulaire ; & il ne feroit pas étonnant que le peu d'acide nitreux qu'il y a dans ces eaux fe fût alors diffipé.

Il eft donc évident par toutes ces expériences, que les nouvelles Eaux découvertes à Paffy font une diffolution foible d'un fel vitriolique martial, mêlé avec un peu de fel marin & de nitre à bafe terreufe, avec une quantité confidérable de fubftance féléni-

teufe & une petite portion d'acide vitriolique furabondant.

Quant aux proportions de ces
divers ingrédiens, il paroît que
fur une livre de cette eau, il y
a 25 grains de fel vitriolique, 2
grains & demi de terre martiale,
20 grains de félénite, & une très-
petite parcelle de fel marin, &
de fel de nitre ; car de 18 livres
d'eau on n'a retiré que 7 grains
de fel marin & 3 grains de nitre.

Au refte on s'eft affuré de l'a-
bondance & de la conftance de la
fource des nouvelles Eaux, en
faifant tirer plus de cent feaux du
puits qui la contient : on a trouvé
que celle du dernier feau étoit
auffi chargée que celle du premier.

Les habiles Analyftes (MM.
Venel & Bayen) concluent
que ces Eaux peuvent être regardées comme finguliéres & véritablement uniques. Ils foutiennent,
trop généralement peut être, que

les diverſes Eaux Médicinale
qu'on a données pour vitrioliques ne le ſont point , & même
ils s'élévent contre Hoffman , &
ceux qui d'après lui ont admi
dans pluſieurs eaux ferrugineuſe
un vitriol ou un principe martia
volatil. » Ils ont , diſent-ils, af-
» firmé la même choſe pour le
» gens de l'art , que s'ils avoien
» aſſuré que ces eaux ne conte
» noient point de vitriol , & il
» ont dit de plus une choſe ab-
» ſurde. Le principe acide accor-
» dé à pluſieurs Eaux Minérale
» n'a pas été établi ſur des fonde
» mens plus ſolides , ceux qu
» l'ont admis n'étoient pas Chi
» miſtes , & ceux qui l'ont abſo
» lument rejetté , ont établi un
» opinion générale ſur une énu
» mération incomplette des ſu
» jets qu'elle regardoit.

Nous nous étendrons peu ſu
les deux autres Analyſes , parc

qu'elles s'accordent entiérement avec celles dont nous vénons de parler , & qu'elles font faites à peu près fuivant les mêmes procédés. » M. ROUELLE conclut de » fes expériences, que la nou-» velle Eau Minérale contient » beaucoup de fer uni à l'acide » vitriolique, dans l'état de l'eau-» mere de vitriol ; elle contient » auffi un peu d'acide vitriolique » uni à une terre abforbante qui » forme un fel neutre qu'on ap-» pelle féléniteux, & un autre fel » formé par l'union de l'efprit de » fel à une terre abforbante de la » nature de la craye «. On voit que ce fçavant Chimifte ne fait point mention de l'acide nitreux.

M. CADET prouve auffi par fon Analyfe » que la nouvelle Eau » Minérale eft chargée de vitriol » martial , d'un fel féléniteux , » d'un acide vitriolique furabon-» dant , d'une très-petite portion

» de nitre, & d'un peu plus de sel
» marin «.

Il a fait voir de plus que cette
Eau Minérale » mêlée avec une
» leſſive alkaline chargée du prin-
» cipe ſulphureux, extraite par le
» feu de matiére animale, donne
» un précipité très-bleu, qui ne
» différe en rien de la beauté du
» bleu de Pruſſe, ſi ce n'eſt qu'il
» le ſurpaſſe «. Il ſe propoſe même
de donner un mémoire particulier
ſur ce travail, qu'il regarde comme un objet qui pourroit devenir
très-avantageux pour la Peinture.

Ce qui rend ſurtout important
la découverte de ces nouvelles
Eaux, c'eſt que les Médecins pourront en tirer des ſecours puiſſans,
lorſqu'il s'agira de rétablir le ton
des ſolides relâchés, de les fortifier, d'arrêter les hémorrhagies
abondantes, ſurtout les écoulemens ſéreux auxquels les femmes
ſont ſujettes, ainſi que ceux qui

succédent aux gonorrhées viru-
lentes. En un mot, les effets falu-
taires que RIVIERE & BOERHAAVE
attribuent au fel ou vitriol de
Mars, pourront aussi résulter de
l'usage de ces Eaux, puisqu'elles
contiennent ce vitriol très-pur,
plus pur même, suivant M. VE-
NEL, que celui que conseilloient
ces deux fameux Médecins. Ces
Eaux pourront encore être employées avec succès à l'extérieur
pour déterger les vieux ulcéres
fongueux, putrides, scorbutiques, &c. mais c'est surtout à
l'expérience à fixer nos idées à
cet égard. On peut étendre ces
Eaux, dans plus ou moins d'eau
commune selon l'objet qu'on se
propose ; elles sont aussi légérement aërées, c'est-à-dire, qu'elles
renferment une petite quantité
d'air combiné qu'on en sépare
par la secousse. C'est M. VENEL
qui fait cette observation, & qui

a découvert le premier qu'il y a
dans les Eaux aërées , comme
celles de Seltz , un piquant qui
en impofe quelquefois pour de
l'acide , & qui ne vient que de
l'air furabondant. On voit déja
par cette Analyfe fi précife & fi
fçavante , ce qu'on doit attendre
de fes travaux fur toutes les Eaux
Minérales de France.

A MONSIEUR

DE SENAC,

CONSEILLER ORDINAIRE
du Roy en ses Conseils d'État &
privé, Premier Médecin de Sa
Majesté, Surintendant Général des Eaux, Bains, & Fontaines Minérales & Médicinales du Royaume.

EXAMEN CHIMIQUE

D'UNE EAU MINÉRALE
nouvellement découverte à Passy dans la
Maison de Monsieur & de Madame DE
CALSABIGI ; exécuté en conséquence
de l'Ordonnance de M. le Premier Mé-
decin, du 23 Avril 1755, qui commet à
cet effet les Sieurs VENEL & BAYEN,
préposés par le Roy à l'Analyse des
Eaux Minérales du Royaume.

1°. L'EAU de Monsieur & de
Madame DE CALSABIGI est par-

faitement claire & tranſparente,
quoique colorée d'un jaune de citron délayé ou foible.

2°. ELLE a un goût auſtére ou
ſtiptique acide, & martial.

3°. CETTE ſaveur eſt réelle &
fixe ; ce n'eſt pas le piquant ou le
Gratter qui dans les eaux aërées en
a impoſé pour de l'acide, & leur
a fait donner le titre d'*Acidules*,
c'eſt le goût propre d'un ſel dont
nous démontrerons la nature dans
la ſuite de cet écrit ; ce n'eſt pas
que les Eaux de M. DE CALSAEIGI
ne ſoient légérement aërées, c'eſt-
à-dire, qu'elles ne renferment
une petite quantité d'air combiné
qu'on en ſépare par la ſecouſſe ;
mais leur goût ne dépend point
de ce principe, il eſt le même
après que l'air a été chaſſé.

4°. QUOIQUE ces Eaux con-
tiennent de l'acide libre ou nud
qui ſe manifeſte par le goût & par
la propriété d'agacer un peu les

dents, ce principe eſt trop étendu, trop noyé pour qu'il puiſſe
ſe manifeſter par l'efferveſcence
avec les alkalis : nous ne comp-
tons pour rien l'action de ces Eaux
ſur le Sirop de Violette qu'elles
verdiſſent ſur le champ, & ſur la
teinture de tourneſol , qu'elles
changent en un gros rouge oran-
gé ; les changemens opérés ſur
ces couleurs végétales , étant des
moyens abſolument équivoques,
illuſoires , inutiles dans la plûpart
des recherches de cette nature ,
& notamment dans celle qui nous
occupe ici. Nous avouons cependant que s'ils ne peuvent fournir
que très-peu de connoiſſances *ab-
ſolues* & *poſitives* , ils peuvent au
moins en procurer de *relatives* &
négatives ; il eſt démontré par
exemple, par ce moyen ſeul, que
l'Eau de M. DE CALSABIGI
ne reſſemble point aux Eaux de
Paſſy , anciennes & nouvelles ,

qui, tout étant d'ailleurs égal, n'altérent point le Sirop de violette, & ne changent la teinture de tournefol qu'en violet, c'est-à-dire, en la couleur la moins éloignée de fa couleur naturelle.

5°. Le principe martial annoncé par le goût & par la couleur de ces Eaux, eft démontré par l'affufion de la teinture de noix de galle qui les précipite fur le champ en noir très-chargé.

6°. Ces Eaux gardées dans un vaiffeau couvert négligemment, & même dans des bouteilles qu'on a laiffées pendant 15 jours dans la cave d'un caroffe qui rouloit journellement fur le pavé, ne fe font point décolorées, n'ont point perdu leur goût, & n'ont prefque point donné de fédiment ; nous avons examiné de l'eau que nous avions depuis plufieurs mois, & nous ne l'avons point trouvée différente de l'eau fortant de la fource.

(23)

7°. Cette derniére propriété les distingue des Eaux Martiales ordinaires, car toutes les Eaux connues de cette derniére classe, laissent échapper leur principe ferrugineux en très-peu de temps, leur composition n'est point constante. Tout le monde sçait ici que les Eaux épurées de Passy sont des Eaux qui ont déposé leur principe ferrugineux par le repos, & que cette dépuration est l'ouvrage d'un temps assez court.

8°. L'Eau de M. de Calsabigi mise sur le feu se trouble & dépose une terre jaune orangée avant même d'avoir pris le degré d'ébullition.

9°. L'Eau précipitée par ce moyen étant filtrée ou éclaircie par le repos, est un peu moins colorée, & n'a perdu que fort peu de son goût austere.

10°. Son acidité ne se manifeste pas davantage par les épreuves que celle de l'eau qui n'a point éprouvé l'action du feu. Il y a quelques légéres différences à cet égard, qui dépendent du degré de feu employé, & peut-être de la matiére du vaiſſeau dans lequel on a traité l'eau ; mais ceci eſt très-étranger à notre objet préſent.

11°. L'Eau qui a bouilli noircit encore avec la décoction de noix de galle ; la nuance du précipité eſt à peine ſenſiblement différente de celle du précipité des eaux inaltérées. Autre caractére très-diſtinctif : les Eaux Martiales ordinaires ne ſont plus précipitées par la noix de galle, après avoir bouilli.

12°. Pour peu qu'on ſoit habitué à manier les objets de cette nature, il eſt aiſé de reconnoître par ce petit nombre de phénoménes, que le principe dominant de nos Eaux, eſt un ſel vitriolique martial.

13°.

13°. Le premier objet de recherche dont on s'eſt occupé après cette premiére connoiſſance, a été de conſtater ſi la baſe de ce ſel ne ſeroit pas mêlée de quelque partie de cuivre, car le vitriol martial ſe trouve ordinairement mêlé du vitriol cuivreux. Pour cela on a mis une lame de fer bien avivée dans deux livres d'Eau Minérale, on l'y a laiſſé tremper à froid pendant vingt-quatre heures, on n'a pas obſervé la moindre molécule de cuivre ſur la lame de fer; on a mis le vaiſſeau ſur le feu, on a chauffé juſqu'à faire bouillir la liqueur, & on n'a point obtenu de précipité cuivreux. Ce moyen auroit cependant démontré le vitriol de cuivre en quelque proportion qu'il eût été mêlé avec le vitriol de Mars, puiſqu'il eſt fondé ſur l'ordre de rapport conſtamment obſervé entre le fer, le cuivre &

B

l'acide vitriolique ; enforte qu'on peut légitimement conclure de cette expérience , que les Eaux de M. DE CALSABIGI ne contiennent point de vitriol de cuivre.

14°. ON a procédé enfuite à leur évaporation ; on en a pris 18 livres qu'on a traitées au Bain-Marie dans des vaiffeaux de verre neuf.

15°. DÈs que l'Eau a éprouvé l'impreffion de la chaleur dont nous avons déja obfervé l'effet , (§. 9.) elle s'eft troublée comme dans cette première expérience ; on l'a laiffée fur le feu jufqu'à la diminution d'environ la moitié de fon volume, & alors on a apperçû une pellicule qu'on a reconnue pour féléniteufe, & qu'on a foupçonné avec fondement, comme on le verra dans l'expérience fuivante, d'être accompagnée de la production de plufieurs petits grains ou criftaux qui gagnoient le fonds du vaisseau, & qui étoient déja mêlés au moment où on formoit cette conjecture, avec le dépôt jaunâtre.

16°. Pour se procurer ces produits, l'un & l'autre à peu près insolubles dans l'eau, & par conséquent inséparables par la lotion, pour se procurer, dis - je, ces produits séparément, on a entrepris une nouvelle évaporation.

17°. On a pris pour la nouvelle évaporation 18 livres d'Eau Minérale, qu'on a traitées au Bain-Marie dans des vaisseaux de verre.

18°. On a obtenu par la première impression de la chaleur le produit terreux jaunâtre, dont on a déja fait mention : (§. 9.) on a observé que cette matière se séparoit toute entière dans un instant, que son dégagement n'étoit point proportionnel à l'évaporation. Car en échauffant l'Eau de M. DE CALSABIGI dans un vaiſſeau fermé, ou dans un vaiſſeau ouvert après l'avoir éten-due de moitié d'eau pure, la terre jaunâtre ſe ſéparoit de la même maniére ; c'eſt donc ici une dé-compoſition opérée par la cha-leur comme telle.

19°. Après s'être ſuffiſamment aſſuré que le dépôt jaunâtre n'au-gmentoit point par l'application continuée du feu, on a retiré les vaiſſeaux, on a ſéparé la terre jaune par le filtre ; ce produit exac-tement édulcoré avec l'eau diſtil-lée & ſéché peſoit quarante-deux grains.

20°. La liqueur qui l'avoit fourni, & l'eau qui avoit été employée à l'édulcorer, mêlées enſemble ont été remiſes ſur le feu ; cette liqueur a été réduite par l'évaporation juſqu'à la moi-tié de ſon volume ſans ſe troubler ſenſiblement, ni préſenter aucu-ne matiére concrete dans les différens degrés de concentration par lesquels elle est passée pour parvenir à celui-ci. À ce dernier degré, elle s'est couverte de la pellicule séléniteuse dont nous avons parlé. (§. 9.) Il s'est formé en même temps des petits grains ou cristaux au fonds du vaisseau quoiqu'en petite quantité ; on a fait tomber la pellicule à mesure qu'elle paroissoit ; on a continué cette manœuvre jusqu'à la réduction de la liqueur à un volume semblable à celui de 7. à 8. onces d'eau commune : alors on a décanté la liqueur, & on en a séparé les pellicules & les cristaux ; on a édulcoré ce produit exactement avec de l'eau distillée tiéde.

21°. La liqueur concentrée, dont nous venons de parler, étoit d'un brun très-foncé ; elle avoit un goût très-acide, elle faisoit effervescence avec les alkalis ; mais elle verdissoit encore le Sirop de violette, propriété si inhérente aux dissolutions vitrioliques, que l'eau mere de vitriol la plus manifestement acide ne la perd point, lors même qu'on l'a surchargée à dessein d'acide vitriolique ; ce que nous remarquons ici comme concourant à établir ce que nous avons avancé (§. 4.) sur l'épreuve des sels par le Sirop de violette.

22°. On a *mis* la liqueur (§. précédent) *à cristalliser*, mais on n'a obtenu d'autre cristallisation que quelques pellicules séléniteuses qui avoient continué à se former ; on les a séparées & édulcorées.

23°. La même liqueur à laquelle on a ajoûté l'eau des lotions des pellicules, a été réduite par une nouvelle évaporation à un volume pareil à celui de trois onces d'eau dans ce dernier état de concentration ; elle étoit d'un brun encore plus foncé, d'une

consistance presque *syrupeuse* &
d'une acidité plus forte ; on l'a
gardée dans un lieu convenable
pour voir si elle fourniroit des
criftaux ; mais on n'a obtenu
qu'une matiére épaisse mêlée de
feuillets féléniteux qu'on a sépa-
rés & édulcorés.

24°. LA liqueur décantée & à
laquelle on a ajoûté l'eau des lotions des pellicules , a été inutilement traitée par des évaporations graduées & souvent suspen-
dues, la liqueur de plus en plus
concentrée & gardée après chaque degré presque infensible de
concentration pendant plufieurs
jours dans un lieu convenable, a
conftamment refusé de donner
des criftaux.

25°. DANS un procédé femb-
blable au précédent, exécuté au
mois de Février dernier, on pen-
fa à profiter de la commodité de
la faison pour essayer sur l'eau

Convenablement rapprochée, les
effets de la concentration par la
gelée : dans cette vûe, on expofa
à la congélation, la liqueur réduite au douziéme de fon poids :
elle fut prife en moins de deux
heures. On fépara les glaçons qui
faifoient à peu près la moitié du
volume total ; ils étoient âpres,
ftiptiques, mais bien moins que
la portion de la liqueur qui ne fut
pas gélée. Cette derniére portion
avoit une faveur très-acide ; elle
fit effervefcence avec les alkalis
concrets ; on la garda pendant 48
heures dans un lieu convenable,
& l'on n'obtint point de criftaux.
On ne crut pas devoir l'expofer
de nouveau à la gélée, puifqu'on
avoit obfervé qu'on ne réuffiffoit
que fort imparfaitement à la
concentrer par ce moyen, ces
glaçons étant confidérablement
chargés de la matiére faline qu'on
fe propofoit de concentrer toute

entiére dans la portion de la liqueur qui ne fe géleroit pas.

26°. On rapprocha peu-à-peu
par une évaporation fouvent in-
terrompue, les deux portions de
la liqueur dont nous venons de
parler, chacune féparément, &
on ne réuffit point à les faire criftallifer.

27°. Revenons à la liqueur de
la feconde évaporation, (§. 17°.-
24°.) on l'a mife fur le feu dans
un vaiffeau de verre dans le deffein
de la deffécher.

28°. On a obfervé en pouffant
cette matiére au feu, jufqu'à la
réduire en confiftance de bouillie,
qu'elle fe troubloit avant de perdre fon humidité; qu'elle devenoit jaunâtre par le dégagement
d'une poudre de cette couleur;
qu'elle fe bourfoufloit en bouïl-
lant & exhaloit des vapeurs acides
qu'on a reconnu à l'odorat pour

B v

un mêlange d'acide nitreux, &
d'acide de fel marin.

29°. On plaça alors la matiére
dans un petit alambic de verre,
& on en retira par la diftillation
une liqueur fenfiblement acide,
qui étant faturée avec un alkali
fixe pur, donna des criftaux de
nitre & de fel marin régénéré très-
diftincts.

30°. Le réfidu qui étoit parfaitement fec, d'une confiftance
pulvérulente & d'une couleur
gris-cendré, pefoit fix gros, 18
grains. Il eft d'une faveur très-
acide ; il attire l'humidité de l'air.

31°. On a rediffous ce réfidu
dans fix onces d'eau diftillée, on
a filtré, on a féparé par la filtration une poudre martiale & féléniteufe ; on a mis à criftallifer la
diffolution diverfement rapprochée, mais on n'a point obtenu
de criftaux ; ce qui prouve pour

les sels nitreux & marin, (que les produits volatils de la distillation annoncent) qu'ils avoient dans notre eau une base terreuse, qui, combinée dans cette opération avec l'acide vitriolique, a constitué avec lui un sel séléniteux, lequel a été séparé par la filtration ; ceci a été prouvé aussi par l'*ineptitude* à cristalliser de la liqueur la plus concentrée ; car le nitre & le sel marin à base alkaline se seroient vraisemblablement manifestés dans une liqueur concentrée à ce point, au lieu que ces sels à base terreuse sont déliquescents.

32°. Ce résidu non *cristallisable* dissous de nouveau dans six onces d'eau distillée, filtré & précipité par le sel alkali fixe ordinaire purifié, a fourni une terre martiale grisâtre qui devient rouge par la dessiccation, & la liqueur évaporée a fourni du tartre vitriolé.

33°. Comme on n'a mis la matiére (§. 27.) dans les vaiſſeaux fermés qu'après avoir obſervé qu'elle jettoit des vapeurs acides, on a évaporé 18 livres de nouvelle eau, dont on n'a porté la concentration que juſqu'à la réduire à trois onces ou environ. Cette fois ci, on a obtenu cinq petits criſtaux de vitriol de Mars qui peſoient enſemble 15 grains, mais on n'a point eu de nitre ni de ſel marin.

34°. On a ſéparé ces criſtaux, & on a enfermé la liqueur décantée dans le petit alambic; on a diſtillé & on a obtenu 1°. une liqueur inſipide & purement flegmatique qu'on a rejettée. Ce produit a prouvé que dans tout le cours de l'évaporation on n'avoit diſſipé aucune partie acide, & par conſéquent que le progrès de l'acidité, obſervé dans l'évaporation de ces eaux, étoit dû à une

véritable concentration d'un acide vitriolique nud ; 2°. une liqueur acidule fans couleur, mais
qui s'étoit élevée fous la forme de
vapeurs rouges ; 3°. une liqueur
d'une couleur d'urine délayée
fenfiblement acide. On a faturé
ces deux derniéres liqueurs, chacune féparément avec l'alkali fixe
ordinaire pur ; on a fait évaporer,
& la premiére a fourni trois grains
de nitre & deux grains de fel marin, l'un & l'autre diftinctement
criftallifés : la feconde a donné
5 grains de fel marin fans aucun
veftige de nitre.

35°. Tous les feuillets féléniteux de chacune des deux derniéres expériences bien édulcorés
par la lotion & féchés ont pefé
cinq gros. Ils font d'un blanc jaunâtre ; on a conftaté leur nature
par l'expérience ordinaire, c'eft-
à-dire, par l'effai du foufre artifi-
ciel préparé avec cette matiére;

& on a eu le fuccès ordinaire, celui qui a fuffi à plufieurs Chi-miftes pour mettre ce corps au rang des fels vitrioliques, & que nous regardons comme très - peu démonftratif. Mais cette difcuf-fion eft abfolument étrangére au fujet particulier qui nous occupe ici.

36°. 18. LIVRES de notre eau précipitées felon l'art par l'alkali fixe de foude, ont donné un pré-cipité compofé de la terre martia-le, & d'une petite portion de la matiére féléniteufe fournie dans les évaporations des eaux fans ad-dition. La liqueur furnageante, filtrée & épuifée par des criftalli-fations répétées a fourni 5 gros & demi de beau fel de Glauber, & environ trois gros de félénite ; il a refté un gros de liqueur, qui expofée à l'évaporation infenfible a préfenté quelques petits crif-taux de fel marin, mais point de

nitre quadrangulaire, du moins
autant qu'on a pû s'en assurer par
l'épreuve du charbon ardent : il
ne seroit pas bien étonnant qu'on
n'eût pas retrouvé ce principe qui
est contenu en si petite quantité
dans ces eaux, comme il est prouvé par le moyen très-démonstratif
de la distillation ; on l'a découvert
cependant dans une autre précipitation exécutée par l'alkali fixe
de tartre ou de nitre ; on a retiré
par ce moyen par l'évaporation
insensible de quinze livres d'eau
précipitée, trente petites aiguilles
évaluées à environ six grains.

37°. Il est très - évident par
les expériences précédentes que
l'Eau de M. DE CALSABIGI est une
dissolution foible d'un sel vitriolique martial, mêlé d'un peu de
sel marin & de nitre à base terreuse, d'une quantité considérable de la substance terreuse ou
saline, appellée parmi nous sélé-

niteufe, & d'une petite portion
d'acide vitriolique furabondant.

38°. 18. Livres de cette eau
contiennent fix gros 18 grains de
ce fel vitriolique ; 42 grains d'une
terre martiale très - foiblement
unie à ce fel & peut-être au principe aqueux immédiatement ; 5
gros de félénite ; environ 7 grains
de fel marin à bafe terreufe,& trois
grains de nitre, auffi à bafe terreufe ; ce qui fait pour chaque
livre d'eau 25 grains de fel vitriolique, deux grains & demi de
terre martiale, 20 grains de félénite, & une très-petite parcelle,
Micula, de fel marin & de nitre.

39°. Pour achever de démontrer cette compofition, on a diffous dans 18 livres d'eau diftillée
du vitriol natif, ramaffé fur cer-
tains rochers dans les Pyrénées,
en une quantité fuffifante pour
donner à cette eau factice le goût
& la couleur de l'eau de M. de

Calsabigi; on a ajoûté quelques goutes d'huile de chaux, &
un peu trop de nitre à baſe terreuſe. On a ſoumis cette eau à toutes
les épreuves expoſées ci-deſſus,
& on a eû les mêmes réſultats,
avec ces différences néanmoins
que l'eau factice eſt moins acide,
que ſa ſtypticité eſt plus âpre, plus
rude, mêlée d'amertume, & ſui-
vie d'un *arriére-goût* douceâtre,
qu'elle a fourni plus de criſtaux
de vitriol martial & beaucoup
moins de ſélénite.

40°. Nous n'avons pas cherché
dans le vitriol ordinaire des boutiques, le ſel analogue à celui de
nos Eaux, parce que ce ſel eſt un
ouvrage de l'art; il eſt préparé en
traitant avec du fer dans des chau-
diéres de fer, une eau chargée
d'un vitriol natif pareil à celui que
nous avons employé (§. précédent;) la diſſolution de ce vitriol
achevé par l'art, donne des criſ-

taux facilement & abondamment,
18 livres de notre Eau traitées
comme les leſſives vitrioliques
dans les fabriques de vitriol, avec
la limaille de fer dans une baſſine
de fer, nous ont donné 4 gros &
demi de vitriol parfait.

41°. On a voulu s'aſſurer de
l'abondance & de la *conſtance* de
la ſource des Eaux de M. DE
CALSABIGI; pour cela on a fait
tirer le 7 de Mai de cette année le
puits qui la fournit, qui a moins
de trois pieds de diamétre, &
dans lequel l'eau étoit haute de
19 pouces, lors de l'expérience;
après en avoir fait tirer 100 ſeaux,
celle du dernier ſeau étoit auſſi
chargée que celle du premier,
& la hauteur de l'eau étoit peu
diminuée.

COURTES RÉFLEXIONS

Sur les qualités abfolues , & fur les vertus Médicinales des Eaux examinées.

42°. Ces Eaux exactement acides & vitrioliques peuvent être regardées comme finguliéres & véritablement uniques.

43°. Les diverfes Eaux Médininales qu'on a données pour vitrioliques ne le font point ; cette qualité leur a été attribuée par des Médecins à qui les opérations & les fujets Chimiques étoient abfolument étrangers. Ceux qui d'après Hoffman ont admis dans plufieurs eaux ferrugineufes célébres, un vitriol ou un principe martial volatil, ont affirmé pour les gens de l'Art, la même chofe que s'ils avoient affuré que ces eaux ne contenoient point de vitriol, & ils ont dit de plus une

chose abſurde ; les eaux véritablement vitrioliques qu'on trouve
dans diverſes galeries de mines,
ſur-tout dans celles de charbon
de terre, ne ſçauroient être ran-
gées avec celle - ci ; 1°. parce
qu'elles doivent être toujours
ſoupçonnées de ne pas contenir
un vitriol martial exempt de mêlange ; 2°. parce que ce ne ſont
jamais que des *pleures*, *ſtillicidia*,
variant continuellement en degrés de ſaturation ; au lieu que
les Eaux de M. DE CALSABIGI
ſont une ſource.

44°. LE principe acide accor-
dé à pluſieurs Eaux Minérales,
n'a pas été établi ſur des fonde-
mens plus ſolides ; ceux qui l'ont
admis n'étoient pas Chimiſtes,
ceux qui l'ont abſolument rejetté
ont établi une opinion générale
ſur une énumération incomplette
des ſujets qu'elle regardoit,

45°. NOTRE Eau étend la claſſe

générale des eaux froides & en
particulier le genre des eaux martiales : elle eſt chef dans cette derniére diviſion, & l'extrême oppo-
ſé aux eaux ferrugineuſes qui ne
portent que la plus légére em-
preinte du principe martial, telles
que les Eaux de Paſſy anciennes
& nouvelles.

46°. Les Médecins prudens &
éclairés à qui ſeuls appartient le
droit de manier les remédes nou-
veaux & efficaces, tels que celui-
ci, qui ne doit jamais devenir un
reméde de Charlatan, ni de *Médecin de ſoi-méme* ; les Médecins
légitimes, dis-je, trouveront dans
les Eaux de M. DE CALSABIGI,
graduées à leur gré par l'addition
de plus ou moins d'eau commune,
un ſecours puiſſant lorſqu'ils au-
ront à remplir l'indication de rap-
peller le ton des ſolides abſolument relâchés, de les reſſerrer,
de les fortifier, d'arrêter les hé-

morrhagies abondantes ou les *flux* opiniâtres, tels que cet incommode écoulement féreux & limphatique qui fait la *queue* des *gonorrhées*, & contre lequel l'art fournit fi peu de fecours ; de procurer une confiftance moins fluide aux humeurs en *fonte* ou en diffolution, telles qu'on les obferve dans certaines affections fcorbutiques, &c.

Tous les *Pharmacologiftes* tant anciens que modernes, ont regardé le vitriol martial qui conftitue le principe médicamenteux dominant des Eaux de M. DE CALSABIGI, comme un très-grand reméde ; le célébre Praticien Lazare Riviere a donné la préférence fur tous les autres remédes martiaux, au fel ou vitriol de Mars dont il a donné une préparation particuliére qui eft encore en ufage : il accorde à ce fel la propriété de réfoudre les obftructions, de fortifier les viscéres & de corriger leur intempérie chaude, si on en continue longtemps l'usage à la dose de douze ou vingt grains dans un liquide ou un excipient solide approprié ; *Lazari Riverii Praxeos Medicæ, Lib. XII. Cap. V. de Melancholiâ hypochondriacâ.* Boerhaave dit du même sel qu'il posséde des vertus singuliéres sur le corps humain ; *facultates singulares in corpus humanum.* Que si on l'étend dans le centuple de son poids d'eau pure, cette liqueur à la dose de 12 onces prise à jeun & suivie d'un peu d'exercice, *cum leni deambulatione,* est apéritive, purgative, diurétique, qu'elle tue & chasse les vers, fortifie les fibres, & guérit par là beaucoup de diverses maladies, *multos hosque diversissimos morbos sanat. Elementa Chemiæ, H. Boerhaave Proc.* 142. *usus.* Et les Auteurs qui comme Cartheufer ont redouté l'ufage intérieur des vitriols, ont excepté le très-pur vitriol de Mars; (*J. F. Cartheufer Fund. materiæ Med. Sect. VI, Cap. VI, §. VI.*) Or le vitriol des Eaux de M. DE CALSABIGI eſt très-pur, plus pur que celui de Riviére & que celui de Boerhaave, & il eſt contenu dans ces eaux en une quantité près de quatre fois moindre que dans la diſſolution de Boerhaave, enforte qu'il faut environ trois livres de ces eaux pour répondre aux douze onces auxquelles Boerhaave fixe la doſe ordinaire de ſon eau factice. Au reſte, cette derniére liqueur eſt trop chargée de vitriol.

Quant à l'acide vitriolique nud que ces eaux renferment auſſi, il n'y eſt contenu qu'en une proportion à peu près pareille à celle à laquelle on le mêle au juleps *aigrelets*, uſités dans les maladies inflammatoires ; ainſi il eſt démontré

montré par cet ufage qui eft ancien dans l'art, qu'on ne fçauroit
attribuer aucun danger abfolu à
ce principe , dans l'ufage intérieur.

47°. O n peut fe flatter encore
d'employer ces Eaux avec fuccès
dans plufieurs affections extérieu-
res, fçavoir les vieux ulcéres fongueux & abreuvés, les ulcéres
putrides & fcorbutiques de la
bouche, la moleffe, la blancheur
blafarde des gencives, les ophtal-
mies féreufes, &c.

48°. Au refte, c'eft aux obfervations à confirmer & à étendre
tous ces ufages ; à la rigueur le
Chimifte a rempli fa tache fur un
reméde nouveau dont on fe pro-
pofe d'enrichir la matiére médi-
cale, lorfqu'il en a révélé la compofition aux Praticiens.

A Paris, le 14 Mai 1755,
Signés à l'Original. VENEL,
BAYEN.

APPENDICES.

Au §. 13. on a diſſous dans ſix onces de l'Eau Minérale examinée un demi-grain de vitriol de cuivre ; on a mis dans cette liqueur, à froid, une lame de couteau ; & en moins de demiheure, le bout de la lame a été couvert d'une couche très-ſenſible, quoique légére, de précipité de cuivre. Il eſt permis de regarder cette expérience comme un complement abſolu de la preuve de l'abſence du cuivre , alléguée dans le §. cité.

Au §. 36. en précipitant les eaux examinées , avec les trois alkalis , & avec la noix de galle, on a fait pluſieurs obſervations, qui ont paru utiles en ſoi , & ſurtout relativement à l'Analyſe des Eaux Minérales par les réactifs ,

quoiqu'on les ait cru peu nécef-
faires à l'établiffement de la nature du fujet particulier fur lequel elles ont été faites. Voici
celles de ces obfervations que
nous croyons bon de publier dès
à préfent :

1°. Quarante-huit grains d'alkali fixe de tartre purifié, verfés,
foit d'un feul coup, foit grain
à grain dans 40 onces d'Eau de
M. DE CALSABIGI, les précipitent
fur le champ; mais le précipité eft
eft rediffous un inftant après, &
la liqueur reprend fa tempéran-
ce; fa couleur devient feulement
plus faturée.

2°. DEUX grains d'alkali verfés
dans cette liqueur déja chargée de
48 grains la précipitent *fans retour.*

3°. SI on garde la liqueur qui a
été précipitée & rétablie, au bout
de quelques heures elle a effuyé
une précipitation fpontanée. Ce

nouveau précipité est constant,
il n'est plus soluble par la liqueur
qui l'a fourni.

4°. Cette derniére précipitation n'est pas complette, il faut
encore employer un gros du même alkali pour l'obtenir entiére &
absolue.

5°. On a tenté les mêmes expériences sur l'eau - mere de vitriol, sur une dissolution de vitriol de Mars des boutiques, &
sur une dissolution de vitriol natif. Les deux premiéres liqueurs
ont donné un précipité insoluble;
la dissolution de vitriol natif a
présenté les mêmes phénoménes
que l'Eau de M. de Calsabigi.

6°. L'Alkali de soude, & l'al-
kali-volatil produisent à peu près
les mêmes effets,

ANALYSE

DE

L'EAU MINÉRALE

De Monsieur & de Madame DE CALSABIGI, *nouvellement découverte en leur Maison de Passy, par M.* ROUELLE, *Apoticaire de la Ville de Paris, Démonstrateur de Chimie au Jardin Royal, & Membre de l'Académie Royale des Sciences.*

L'EAU de Monsieur & de Madame DE CALSABIGI est un peu colorée. Elle a un goût tel qu'une dissolution foible de vitriol martial; gardée, elle n'éprouve aucun changement; elle ne précipite rien, & elle a précisement la même saveur, que lorsqu'elle est nouvelle.

(54)

.Deux gros de Syrop de violette mêlés avec six onces de cette Eau, elle a pris une couleur verte un peu foncée.

Deux gros d'une infusion d'un gros de noix de galle, faite dans une once d'eau filtrée & mêlée avec l'Eau Minérale à la quantité de six onces, elle a pris une couleur presqu'auffi forte que l'encre, puifqu'en écrivant avec, l'écriture étoit très-vifible. Ces expériences démontrent le fer dans cette eau.

Huit onces de l'eau bouillie l'efpace de dix minutes dans un poëlon d'argent, elle s'eft troublée de plus en plus & a dépofé beaucoup d'une poudre, ou précipité martial d'une légére couleur de rouille de fer ; & lorfque l'Eau a été refroidie, ce précipité a la couleur de l'ocre. L'odeur que répand cette eau en évaporant, eft telle que celle d'une diſſolution de vitriol martial.

Cette Eau Minérale qui a ainſi bouilli & repoſé pendant vingt-quatre heures, a perdu ſa couleur; elle eſt devenue très-claire. On a pris deux onces de cette eau à laquelle on a mêlé douze ou quinze goutes d'infuſion de noix de galle, elle eſt devenue preſqu'auſſi noire qu'avant de bouillir.

Cette expérience fait voir que tout le fer ne ſe précipite pas par ébullition, comme dans la plupart des eaux martiales ordinaires qui ne noirciſſent plus avec la noix de galle.

Vingt à trente goutes d'alkali fixe tombé en *deliquium*, ou diſſous dans de l'eau mêlée avec ſix onces de l'Eau minérale, l'ont troublée; elle s'eſt épaiſſie & a pris une couleur de brun foible, un quart d'heure après, le précipité eſt tombé. Ces phénoménes

font les mêmes qu'avec une diffolution de vitriol de Mars étendu
de beaucoup d'eau.

La diffolution d'argent dans l'a-
cide nitreux ou l'eau forte mêlée
à la quantité de quelques goutes
à fix onces de l'Eau Minérale, l'a
troublée, & lui a donné une couleur opale affez foncée : peu après
le précipité s'eft formé.

L'acide vitriolique, l'efprit de
nitre, & celui du fel n'altérent
point cette eau ; ils lui font feulement perdre fa couleur.

Réfultat de l'évaporation de l'Eau Minérale.

On a évaporé quarante - deux
pintes de cette eau au Bain-Marie
dans des vaiffeaux de verre ; elle
a donné un réfidu qui pefe cinq
onces deux gros. Il eft d'une couleur jaune fale ; il attire l'humidité de l'air, comme fait l'eau-

mere du vitriol defféché ; il a un goût ftiptique comme le vitriol de Mars. Cette eau donne un gros de matiére par livre.

Les acides du nitre, du fel marin & du vitriol, mêlés à ce réfidu, ne produifent prefqu'aucun effet.

On a fait diffoudre une once de ce réfidu dans quatre onces d'eau diftillée chaude , & on a filtré la liqueur refroidie, puis on a peu-à-peu verfé avec de l'alkali fixe tombé en *deliquium*, jufqu'au point de la faturation ; il s'eft fait une effervefcence, & il eft tombé un précipité d'une couleur de rouille de fer. Cette diffolution filtrée a été mife à évaporer jufqu'à ficcité ; pendant l'évaporation, elle a encore dépofé du fer. Cette fubftance a été de nouveau diffoute dans trois onces d'eau diftillée, bouillante & filtrée. Le précipité de cette nouvelle diffo-

lution joint avec celui de la premiére , pefe cinquante-fix grains.
Il eft tel que celui que l'on fait
avec le vitriol de Mars. La nouvelle folution a été évaporée fur
le bain de fable , & on l'a mife à
criftallifer. Il a paru d'abord un
fel en aiguille ; ce fel eft formé
par l'union de l'acide vitriolique
à une terre alkaline , telle que la
craie. La liqueur féparée de ce
fel , évaporée & mife de nouveau
à refroidir & à criftallifer, a fourni du tartre vitriolé qui eft un fel
formé par la combinaifon de l'alkali fixe & de l'acide vitriolique
qui eft dans l'Eau Minérale unie
au fer.

On a verfé fur ce fel un peu
d'acide vitriolique concentré ; il
s'eft excité une légére effervefcence, & il s'eft élevé quelques
vapeurs d'efprit de fel. Il eft plus
facile de démontrer l'acide du fel
ainfi uni à l'alkali fixe, que de le

faire voir dans la premiére matiére reſtante de l'évaporation de cette eau, puiſque l'acide vitriolique verſé deſſus n'a preſque rien fait voir.

Une demi-once de ce même réſidu a été diſſoute, précipitée avec le ſel de ſoude & criſtalliſée de même que dans l'expérience précédente, & a donné des criſtaux de ſel admirable de Glauber.

Ces expériences démontrent que dans ces ſortes d'eaux l'acide vitriolique eſt uni au fer, & forme une ſubſtance vitriolique.

On a diſtillé par la retorte, au feu de ſable, une demi-once de ce réſidu avec égale quantité d'eau, & un gros d'acide vitriolique. La premiére portion de liqueur qui a paſſé, étoit légérement acide, & elle ſentoit un peu l'eſprit de ſel. Cette expérience & celle de ci-devant, font voir qu'il y a

très-peu d'acide, ou d'esprit de
sel dans cette eau.

Examen de la partie terreuse qui
n'est point dissoute par l'eau.

On a fait un mélange d'une
demi-once de ce résidu, ou précipité avec une once & demie de
sel de tartre ou d'alkali fixe, &
vingt - quatre grains de charbon
en poudre. On a mis ce mélange
dans un creuset exactement fermé. Il a été poussé à un feu de fusion pendant douze à quinze minutes, & après l'avoir versé dans
un mortier net, on l'a dissous
dans quatre onces d'eau bouillante. Cette liqueur étant filtrée,
on y a mêlé peu-à-peu sept à huit
onces de vinaigre distillé. Il s'est
fait une vive effervescence, & il
s'est répandu une légére odeur de
foie de soufre ; ce qui démontre
qu'il y a dans ce résidu un peu

d'acide vitriolique uni à une terre abforbante qui forme le fel que l'on appelle féléniteux.

A un demi gros du réfidu terreux, on a mêlé égale quantité d'acide vitriolique & un gros & demi d'eau; il n'a paru aucune effervefcence. On a fait bouillir ce mélange fur le feu, l'acide vitriolique a diffous le fer qui fait la couleur jaune, & il refte une poudre blanche qui eft la terre abforbante unie à l'acide vitriolique. Si à cette nouvelle diffolution on ajoûte de l'alkali fixe diffous, on précipite le fer de nouveau.

L'acide nitreux & celui du fel agiffent peu fur cette matiére; ils extraient feulement un peu de fer.

Ce réfidu, couleur d'ocre, pouffé au feu dans un creufet, devient d'un rouge affoibli par la terre abondante qui eft mêlée avec lui.

Il confte par toutes ces expériences que cette Eau Minérale
contient beaucoup de fer uni à
l'acide vitriolique, dans l'état de
l'eau-mere de vitriol ; elle contient auffi un peu d'acide vitriolique uni à une terre abforbante
qui forme un fel neutre que l'on
appelle féléniteux, & un autre
fel formé par l'union de l'efprit
de fel à une terre abforbante de
la nature de la craie.

Signé à l'Original, ROUELLE.

ANALYSE CHIMIQUE

FAITE

PAR LE SIEUR CADET,
Apoticaire - Major de l'Hôtel
Royal des Invalides , d'une Eau
Minérale nouvellement découver-
te à Paſſy , dans la Maiſon de
Monſieur & de Madame DE
CALSABIGI.

1º. L'Eau Minérale de M. DE CALSABIGI ſortant de ſa ſource eſt très-claire, diaphane, & elle n'eſt pour ainſi-dire, point colorée ; au bout de quelque temps elle acquiert une foible couleur jaune ſans perdre de ſa tranſparence.

2º. Cette eau paſſée par une étamine en ſortant de ſa ſource ,

après avoir été agitée & secouée
de temps-en-temps pendant 15
jours, n'a donné au bout de ce
temps aucun sédiment.

3°. Elle m'a paru d'un goût
acide très-acerbe, stiptique & vitriolique.

4°. La premiére expérience que
j'ai faite avec la noix de galle,
m'a prouvé que cette Eau Minérale contenoit beaucoup de fer,
vû l'intensité de bleu qu'elle a
pris avant de passer au noir.

5°. Pour m'assurer si elle ne
contenoit pas du cuivre, je l'ai
essayée avec l'alkali volatil ; je
n'ai apperçû aucun atome de
bleu qui pût me faire soupçon-
ner qu'il y eût de ce métal, la liqueur au contraire a fait un précipité de couleur verte très-foncée.

6°. J'ai fait les même essais avec
l'alkali fixe, qui n'a produit d'autre différence qu'en que ce pré-

cipité a paffé à une couleur d'un vert fale.

7°. L'Eau Minérale de M. DE CALSABIGI donne avec l'eau de chaux nouvelle un précipité jaune très-foncé.

8°. Cette Eau Minérale paffée légérement avec un pinceau fur le papier à fucre, change fa couleur bleue en un rouge foible.

9°. Ces expériences préliminaires n'étant point affez convaincantes, & voulant pouffer plus loin mes recherches fur cette Eau Minérale, j'ai mis évaporer dans une étuve au-deffus des Fours de l'Hôtel Royal des Invalides, de l'Eau Minérale de M. DE CALSABIGI, dans des capfules de verre plates, la chaleur de l'étuve étoit à 60 degrés fuivant le thermométre de mercure de M. PAGNY, gradué felon M. DE REAUMUR; j'ai remarqué à mefure que l'évaporation s'en faifoit, qu'il fe formoit autour de la capfule une croute faline très-blanche, qui en fe defféchant acqueroit une couleur d'un petit jaune citron. Cette croute faline eft d'un goût très-acerbe & ftiptique ; elle laiffe enfuite fur la langue une matiére talqueufe qui ne s'y fond pas. Dans le fond de la capfule, il ne s'eft formé aucun précipité pendant tout le temps de l'évaporation ; j'ai continué d'évaporer l'Eau Minérale ; fur la fin de l'évaporation, elle a un peu bourfoufflé & a laiffé un fel vitriolique, détaché par petits grains d'une couleur citrine, extrêmement acerbe & ftiptique au goût ; du milieu de ces grains en continuant l'exficcation au même dégré de chaleur, on voyoit fortir de petites éguilles en forme de grouppes. Ce fel s'humecte à l'air très-facilement & fe diffout parfaitement dans l'eau, ainfi que dans les trois acides minéraux ; à l'exception pourtant de ces petites éguilles qui y font inaltérables. La diſſolution de ces ſels dans les acides minéraux étendus avec une petite quantité d'eau eſt précipitée en un jaune très-foncé par l'alkali volatil, & la même diſſolution noyée dans une grande quantité d'eau eſt précipitée de même par l'alkali fixe.

10°. J'ai répété pluſieurs fois la même évaporation au même degré de chaleur dans différens vaiſſeaux plats , elle m'a toujours réuſſi ſans que la liqueur ait donné le moindre précipité ni même ſe ſoit troublée.

11°. L'Eau Minérale miſe dans le même temps & au même degré de chaleur à évaporer dans des cucurbites de verre un peu élevées, s'eſt décompoſée en dépoſant aux parois des vaiſſeaux une matiére colorée très-adhérente , d'une belle couleur d'or, qu'il sembloit qu'on eût appliquée avec art ; elle précipite ensuite une terre jaune martiale.

12°. Ayant reconnu que le degré de chaleur & la forme des vaisseaux produisoient des changemens aussi essentiels pendant l'évaporation, j'en ai tenté une nouvelle de six pintes d'Eau Minérale à feu nu dans un vaisseau de terre de Champagne, dont les bords étoient un peu élevés; dans le commencement de l'évaporation la liqueur s'est sensiblement troublée & a précipité dans l'instant de l'ébullition une terre d'un très-beau jaune, il s'est précipité ensuite une terre beaucoup plus pâle que la premiére. Cette différence n'est dûe qu'à une terre blanche talqueuse, qui s'est jointe au second précipité; j'ai fait évaporer la liqueur jusqu'à un certain point, je l'ai laissé reposer

un inftant pour la tirer à clair, je
l'ai mife à criftallifer fans avoir eu
de criftaux; j'ai continué à l'évaporer, & j'ai vû fe former à la furface une pellicule qui fe précipi-
toit pour fe réformer de nouveau;
fur la fin de l'évaporation la matiére a bourfoufflé. J'ai obtenu
alors un fel vitriolique tirant fur
le jaune, qui s'eft humecté à l'air
facilement, & qui après s'y être
defféché de lui-même, a repris
une couleur d'un jaune plus foncé.

13°. J'ai tenté de nouvelles
expériences par la diftillation
dans le commencement de l'opération, je n'ai retiré que du fleg-
me, enfuite quelques goutes de
liqueur acide, auxquelles ont
fuccédé immédiatement trois ou
quatre goutes d'efprit acide légérement fulphureux; j'ai apperçu
alors au fond de la cornue une
maffe faline, de laquelle fortoit

un grouppe de criſtaux parfaitement éguillés qui tapiſſoient auſſi
les parois du vaiſſeau ; j'ai ceſſé
l'opération. La cornue étant refroidie, je l'ai coupée en forme
de capſule pour en ſéparer exactement les criſtaux ; je les ai la-
vés dans pluſieurs eaux froides,
& dans l'eau tiéde pour enlever
tout ce qui pouvoit y être ſolu-
ble : les criſtaux en éguille n'ont
paru y être aucunement altérés ;
j'ai évaporé les lotions , elles
m'ont fourni par la deſſication,
un ſel de la nature du vitriol
martial, & je regarde les criſtaux
inſolubles dans l'eau comme une
vraie ſélénite.

14°. Cette Eau Minérale paroît être très-chargée de fer ; car
la premiére terre jaune que j'ai
ſéparée dans le commencement
de l'évaporation, dont j'ai parlé
à l'article 12 , après avoir été lavée & légérement calcinée, s'eſt

trouvée presque toute attirable par l'aimant , & étant jettée sur le nitre fondu dans un creuset très rouge, l'a fait fuser comme peut faire la limaille de fer

15°. La couleur bleue du papier à sucre changée en un rouge foible, le goût acide qui se manifeste dans les eaux & l'effervescence sensible que produit l'Eau Minérale cencentrée avec les alkalis fixes, la liqueur acide, & l'esprit acide légérement sulphureux que j'ai retirés dans la distillation, m'ont fait reconnoître une surabondance d'acide dans cette Eau Minérale.

16°. Pour m'en assurer encore j'ai pris un briquet d'acier poli d'Angleterre, que j'ai mis dans l'Eau Minérale froide, j'ai apperçu au bout d'un instant quantité de petites bulles d'air qui s'élevoient de dessus & de tous les côtés du briquet, lesquelles en se raſſemblant à côté les unes des autres, paroiſſoient comme de petits globules. J'ai retiré auſſi-tôt le briquet qui s'étoit amolli, & qui portoit une odeur de fer auſſi ſenſible que lorſque l'on jette de la limaille de fer dans l'acide vitriolique pour faire le vitriol martial. Vû l'effet ſenſible de l'action de l'acide excédent ſur l'acier, j'y ai jetté pour cet effet une petite quantité de limaille de fer; au bout d'un certain temps de digeſtion, elle a perdu le goût acide & a acquis le goût d'un vitriol martial factice fort chargé de fer. Enfin, cette Eau Minérale par différentes filtrations & évaporations répétées, m'a fourni du vitriol martial pur.

17°. Deux pintes d'Eau Minérale peſant quatre livres, ont fourni 36 grains de terre ferrugineuſe, qui calcinée, a été toute attirable par l'aimant.

48. Grains de feuillets féléniteux.

54. Grains de fel vitriolique.

Ce qui fait par conféquent :

9. Grains de terre ferrugineufe.

24. Grains de félénite.

27. Grains de fel vitriolique
par chaque livre d'Eau Minérale.

18°. Une livre d'Eau Minérale
évaporée dans une capfule plate,
& non dans un vaiffeau élevé au
même degré de chaleur, dont j'ai
fait mention à l'article 9, m'a
fourni 60 grains d'un fel vitriolique de couleur jaune, qui calciné
dans un teft fous la moufle du
fourneau de coupelle, m'a fourni
un colcothar d'un très-beau rouge.

19°. L'Eau Minérale de Monfieur DE CALSABIGI m'ayant
été envoyée en petite quantité
dans le mois de Janvier 1755,
comme une nouvelle Eau Minérale étrangére, la petite quantité

de liqueur acide que je retirai par la diſtillation à laquelle ſuccédérent trois ou quatre goutes d'un eſprit légérement ſulphureux , ne me permit pas de démontrer par aucune expérience quelles étoient les eſpéces d'acides. M. DE CALSABIGI m'ayant envoyé depuis une plus grande quantité de ces Eaux Minérales que pour lors je ne regardai plus comme une Eau Minérale étrangére , ayant appris qu'elles étoient tirées d'une nouvelle ſource d'Eau Minérale de Paſſy ; je les travaillai en grand , je retrouvai juſtes les différens produits tels que je les avois obtenus dans mes Analyſes en petit. Il ne me reſtoit plus qu'à examiner les différens acides que j'ai retirés , dont le premier a été démontré par Meſſieurs VENEL & BAYEN, comme un mélange d'acide nitreux & marin.

20°. J'ai pris pour cet effet 16

livres d'Eau Minérale que j'ai évaporées dans une étuve fur des affiettes plates de fayance, en confiftance d'une matiére fyrupeufe; j'ai mis enfuite cette matiére à diftiller dans une cucurbite de verre au feu de lampe de quatre méches, dont chacune étoit compofée de douze brins; dans le commencement de la diftillation, je retirai quelques goutes d'une liqueur qui étoit infipide à laquelle fuccéda une liqueur acide, qui par degrés augmentoit d'acidité. Cette liqueur s'eft élevée d'abord fous la forme de vapeur d'un rouge très-foible qui rempliffoit l'intérieur du chapiteau; ces vapeurs rouges qui portoient une odeur d'acide, tantôt nitreux, tantôt d'acide de fel marin, n'ont duré que fix minutes, enfuite le chapiteau s'eft éclairci: j'ai continué la diftillation au même degré de feu; lorfque j'ai vû qu'il ne diftilloit plus rien , j'ai féparé cette liqueur acide qui pefoit une once jufte ; je l'ai faturée avec de l'alkali fixe de tartre très - pur , l'once de la liqueur acide s'en eft chargée de foixante - fix grains ; ma liqueur étant parfaitement re- pofée , je l'ai tirée à clair , & je l'ai mife évaporer dans un verre de montre au bain de fable , à la cha- leur d'une méche allumée ; au bout de deux minutes d'évaporation , j'ai vû fe former quelques petits criftaux féparés les uns des autres qui nageoient à la furface de la liqueur. J'ai affemblé ces criftaux qui m'ont paru à la loupe creux en forme de petites trémies quar- rées , ils avoient parfaitement le goût du fel marin , & décrépi- toient deffus les charbons ardens. J'ai continué d'évaporer la même liqueur au même degré de feu ; j'ai vû fe former encore de nou- veaux criftaux de fel marin ; j'ai

porté pour lors ma petite capsule
au frais deſſus une aſſiette de
fayance que j'ai entourée de petits morceaux de glace; mes petits
criſtaux de ſel marin qui ſurna-
geoient étoient tombés au fond
à la faveur du mouvement occa-
ſionné par le tranſport. A meſure
que la liqueur s'eſt refroidie, j'ai
vû ſe former une pellicule de petits grains de ſel marin ſerrés con-
fuſément les uns près des autres,
& partagés dans quelques en-
droits par de petites éguilles de
nitre, qui s'y étoient criſtalliſées.
Mes évaporations finies, j'ai ſéparé le plus exactement qu'il m'a
été poſſible mes criſtaux, les petites éguilles de nitre ont peſé environ quatre grains, les criſtaux
de ſel marin parfaitement ſechés
ont peſé 25 grains.

21°. Cette même liqueur acide
ſaturée (dont je viens de parler
article 20) avec le ſel de ſoude,

ne m'a donné que des criftaux de
fel marin, fans aucune éguille de
nitre : j'ai pouffé enfuite le réfidu
de ma diftillation à feu nu. La
cucurbite étant échauffée à un
certain point , il s'eft élevé des
vapeurs blanches d'une odeur fulphureufe qui tomboient en goutes très-claires dans le récipient à
mefure qu'elles fe condenfoient
dans le chapiteau ; je continuai
la diftillation jufqu'au moment
où je vis paroître quelques goutes
d'une liqueur brune qui formoit
dans le chapiteau des ftries hui-
leufes : à ce degré de feu , ma cucurbite fe fêla , je raffemblai ces
goutes qui avoient auffi une odeur
de foufre , mais plus pénétrante.
Cette liqueur me paroît n'être
autre chofe qu'un acide vitriolique très-concentré , qui avoit en-
levé une portion du phlogiftique
du fer avec lequel il s'étoit uni :
la première liqueur fulphureufe

qui étoit très-acide pesoit environ un gros, je l'ai saturée avec le même sel de tartre. Cette liqueur filtrée & évaporée jusqu'à pellicule, a donné constamment jusqu'à la derniére évaporation, du tartre vitriolé en cristaux très-réguliers, sans aucun mêlange de nitre, ni de sel marin. Cette premiére liqueur acide sulphureuse, saturée avec le sel de soude, a donné de très-beau sel de Glauber; & ce même acide combiné avec de la limaille de fer, m'a donné des cristaux de vitriol pur de Mars, d'une belle couleur verte & de figure romboïdale.

Le résidu de la distillation pesoit dix gros, la superficie étoit d'une couleur rouge pâle, & le reste d'un gris de perle, s'humeçtant à l'air, d'un goût très-acerbe & stiptique.

22°. L'Eau Minérale de M. DE CALSABIGI, mêlée avec une lessi-

ve alkaline chargée du principe
fulphureux, extrait par le feu de
matiére animale, m'a fourni un
précipité très-bleu, qui ne différe
en rien de la beauté du bleu de
Pruffe, fi ce n'eft qu'il le furpaffe ;
les différens moyens que j'ai tentés dans cette opération me fe-
roient entrer dans un détail très-
long qui n'eft point effentiel dans
cette Analyfe ; je me réferve de
donner un Mémoire particulier
fur ce travail, le regardant comme un objet qui pourroit devenir
très-avantageux pour la Peinture,
&c. dans laquelle on employe
cette couleur avec fuccès. Les
Confifeurs même pourroient alors
en faire ufage fans aucun fcrupule
dans leurs préparations de fucre
où ils employent les couleurs
bleues, cette matiére étant tirée
d'une Eau Minérale dont les principes vitrioliques font prouvés
être exempts de tout mêlange de
cuivre.

J'ajoûte ici que les Eaux Minérales outre leurs grandes propriétés , ont à raison de leur principe l'avantage de pouvoir être
tranfportées dans tous les pays les
plus éloignés , fans fouffrir aucune altération.

J'ai avancé article premier que
les Eaux Minérales de M. DE
CALSABIGI acqueroient au bout
de quelque temps une foible couleur jaune ; j'ai remarqué que
cette variation venoit de ce que
les eaux avoient été tenues dans
un lieu chaud, & que plus la chaleur en étoit grande, plus l'Eau
Minérale fe coloroit fenfiblement. On ne peut attribuer, je
penfe, ce commencement de dé-
compofition qu'à l'acide vitriolique contenu dans ces eaux qui
tend à fe détacher du fer avec lequel il eft étroitement uni pour
fe joindre à une terre abforbente
très divifée, qu'entraîne vraifem-

blablement l'eau douce en paf-
fant fur les matiéres minérales :
mon intention eft d'examiner plus
particuliérement cet effet. Le
moyen d'occafionner la décom-
pofition dont nous parlons, eft
de chauffer l'Eau Minérale. On y
remarque alors un très-petit mouvement d'effervefcence. Dans ce
mouvement occafionné par la
chaleur, l'acide vitriolique quitte
une partie de fon fer pour s'unir
à la terre abforbente ; il réfulte
de cette nouvelle union un fel
féléniteux ; cette félénite étant
totalement précipitée, l'Eau Minérale conferve alors un vrai vitriol qui ne fe décompofe plus,
parce que l'acide vitriolique ne
rencontre plus de cette même
terre propre à le féparer d'avec le
fer, & qui occafioanoit la décom-
pofition d'une partie du vitriol
martial contenu dans les Eaux
Minérales.

Cette seconde Analyse de l'Eau Minérale de M. DE CALSABIGI, ne différant en rien de la premiére que j'avois faite, & ayant obtenu toujours les mêmes produits en grand comme en petit, proportion gardée, je pense qu'on peut regarder cette Eau Minérale comme chargée de vitriol martial, d'une terre absorbente, d'un acide vitriolique surabondant, d'une très petite portion de nitre & d'un peu plus de sel marin.

J'ai rempli mon objet en faisant cette Analyse de différentes façons avec toute l'exactitude possible. C'est à Messieurs les Médecins à apprécier la valeur de ces nouvelles Eaux Minérales, quant aux vertus Médicinales.

D vj

NOUVELLES EXPÉRIENCES

FAITES

PAR LE SIEUR CADET,

Apoticaire-Major des Invalides, sur l'Eau Minérale de M. DE CALSABIGI, pour en tirer le Bleu appellé communément Bleu de Pruffe.

J'AI annoncé dans mon Analyse des Eaux Minérales de M. DE CALSABIGI, que ces Eaux m'avoient fourni un bleu que je prévoyois être fort utile; je me fuis engagé à donner un Mémoire particulier fur cet objet, je ne crois pas devoir tarder davantage à m'acquitter de mon engagement.

La fuite de mes premiéres opérations m'a naturellement conduit à ce travail, qui d'ailleurs n'en étoit pas un nouveau pour moi. Le célébre M. Geoffroy pere, mon Maître, s'étoit occupé long-temps de cette matiére ; il m'avoit communiqué les différens procédés dont il s'étoit fervi ; M. Macquer, de l'Académie des Sciences, à qui nous devons la parfaite connoiffance de la théorie de cette opération, a bien voulu auffi me faire part de fon travail ; c'eft fur les principes de cet habile Chimifte, ainfi que fur ceux de M. Geoffroy, que j'ai établi mes recherches.

Il a été démontré par les Analyfes qui ont été faites de l'Eau Minérale de M. DE CALSABIGI, que cette Eau étoit chargée d'un vitriol de Mars, d'un fel féléniteux, &c.

Le bleu de Pruffe n'eft autre chofe qu'un fer très-divifé précipité par l'alkali fixe, en une poudre qui fe trouve changée dans l'inftant de la précipitation par un principe fulphureux, en un bleu plus ou moins foncé fuivant la portion de terre blanche alumineufe qui s'y trouve mêlée ; la félénite ne différant d'ailleurs de l'alun, que par l'efpéce de terre qui eft únie à l'acide vitriolique : l'Eau Minérale dont il eft queftion, m'a paru renfermer tous les matériaux propres à fournir un précipité femblable au bleu de Pruffe, en y joignant une leffive alkaline chargée d'un principe fulphureux extrait, par le feu, de matiére animale.

J'ai cru m'appercevoir que de tous les alkalis fixes, le fel de foude étoit celui qui a toujours le mieux réuffi à M. Geoffroy dans les travaux qu'il a tentés fur le bleu de Pruffe ; je l'ai préféré à tout autre fel fixe, à raifon d'un principe fulphureux, dont M.

Geoffroy pense que le kali se charge pendant sa calcination. J'ai reconnu ce principe sulphureux bien sensiblement dans les différentes lessives que j'ai faites de ses cendres ; j'ai observé que le sel produit de ces lessives par l'évaporation dans une marmite de fer acqueroit différentes couleurs semblables à celle de la chaux de plomb ; que dans le commencement de l'exsiccation, il prenoit souvent une couleur grise, ainsi que le prend le plomb dans sa fusion lorsqu'il perd son phlogistique pour devenir chaux : que ce sel poussé à un feu plus vif, devenoit d'une couleur jaune qui approchoit beaucoup de celle du Massicot, & qu'ensuite le feu étant un peu augmenté, ce sel passoit à une couleur rouge plus foncée que celle du *minium* ordinaire : ce sel parvenu à cette couleur répand une odeur sulphureufe très - pénétrante , & jetté tout chaud fur un corps froid il prend le jaune du Maſſicot, comme l'éprouve le *minium*, qui p[illegible] fa couleur rouge après avoir-été chauffé un certain temps , pour repaſſer à la . premiére couleur qu'il avoit avant d'être *minium* qui eſt celle du Maſſicot: c'eſt à M. Geoffroy le fils que nous avons obligation de ces découvertes fur le *minium*, dont l'opération ne nous étoit pas parfaitement connue. Il a donné pluſieurs Mémoires fur l'Analogie du Biſmuth avec le plomb , dans leſquels on voit les principes de cette opération très-bien développés.

Quelques Chimiſtes tant anciens que modernes, ont avancé que le *minium* n'étoit autre choſe qu'un Maſſicot de plomb calciné au feu *de reverbere*, fur lequel on faifoit paſſer la flamme du bois, & que par le moyen de cette forte

calcination on lui donnoit la couleur rouge : il y a lieu de croire
que ces Chimiſtes n'avoient pas
exécuté eux - mêmes l'opération
telle qu'ils l'ont décrite , car ils ſe
ſeroient apperçu qu'elle ne leur
auroit pas réuſſi.

Il eſt évidemment démontré
que le Maſſicot de plomb n'eſt
changé en *minium* que par un
degré conſtant de chaleur. Ce
degré eſt le 285e du thermometre
de Farenheit, & ſi l'on outrepaſſe
ce degré de chaleur , on détruit
inſenſiblement ſa couleur rouge,
pour le faire paſſer à ſa premiére
couleur jaune. J'ai perdu de vûe
pour un inſtant tous les phénoménes que j'ai remarqués dans la
calcination du ſel de ſoude : ce
ſel dans l'état de couleur rouge
dont je viens de parler ci-deſſus,
la perd inſenſiblement par la calcination avec cette odeur ſulphureuſe ſi pénétrante , & demeure

d'une foible couleur jaune, qui fe
démontre plus fenfiblement lorfque ce fel a pris l'humidité de
l'air : tous ces phénoménes méri-
tent la peine d'être éclaircis ; je
ne fçais fi on ne pourroit pas en
attribuer la caufe à la portion de
fer qui a été démontrée dans la
foude, & à une autre portion que
la liqueur de ce fel détache très-
fenfiblement de la marmite lorfqu'elle a été concentrée jufqu'à
un certain point. L'on fçait que
le fer décompofé par l'acide vitriolique fe trouve toujours fous
la couleur jaune ; ne pourroit-il
pas fe démontrer de même avec
l'alkali de foude ? Cette même
couleur jaune reverbérée fous la
moufle, prend une couleur rouge.
Toutes ces variations de couleurs
dans le fer, ne feroient-elles pas
en partie la caufe de celle que j'ai
obfervée dans la calcination de ce
fel ? C'eft une chofe qui ne peut

être démontrée que par un travail suivi.

Je me suis écarté encore de l'objet de mon travail, mais souvent dans nos opérations, nous nous trouvons arrêtés par des phénoménes auxquels nous ne pouvons nous refuser. Je reviens donc à mon premier objet.

Le sel de soude chargé de ce principe sulphureux me paroissant le plus propre pour mon opération, & ne voulant pas m'éloigner des proportions décrites dans le Mémoire de M. Geoffroy, j'en ai pesé quatre onces, que j'ai mêlées avec huit onces de sang de bœuf desséché, & je les ai calcinées dans un creuset au fourneau à vent; j'ai reconnu le point de calcination lorsque la matiére est devenue parfaitement rouge, & qu'elle ne rendoit presque plus de flamme. Je l'ai tirée du creuset, & l'ai jettée toute rouge dans

deux livres & demie d'eau bouillante ; après un demi-quart d'heure d'ébullition , j'ai filtré cette
leffive , j'en ai verfé peu-à-peu
dix à douze onces fur deux pintes
d'Eau Minérale très-chaude , ob-
fervant en la chauffant, les précautions décrites dans mon Analyfe article neuviéme pour empêcher qu'elle ne fe décompofât par
la chaleur. Le réfultat du mêlange
de ces deux liqueurs a été un *coagulum* d'un vert obfcur. Nulle-
ment fatisfait de cette couleur,
je me fuis avifé d'ajouter à ce mêlange de nouvelle Eau Minérale ;
je me fuis apperçû qu'à mefure
que j'en verfois, le mêlange prenoit par degré différentes nuances ; pour paffer en dernier lieu à
une belle couleur verte d'éme-
raude ; la liqueur étant repofée,
a confervé fa couleur verte & a
précipité en peu de temps une
fécule qui m'a paru bleue. Je l'ai

lavée plusieurs fois avec de l'eau de puits filtrée, je l'ai fait sécher, & elle est restée d'une couleur noire, qui employée dans la Peinture avec un peu de blanc de plomb, a donné des nuances d'un vert de pré.

Cette opération m'a fait obser-ver qu'il falloit employer très-peu de lessive alkaline pour précipiter le fer & la sélénite propre à four-nir le bleu, qu'une plus grande quantité ne servoit qu'à précipiter de nouveau fer, qui donnoit à ce *coagulum* ce vert obscur. J'ai répété la même opération en ob-servant sur-tout de mettre très-peu de lessive alkaline, la liqueur a passé tout d'un coup à un beau vert transparent, en précipitant une fécule qui ne différoit point de la première. J'ai versé quel-ques goutes d'esprit de sel sur cette fécule qui a passé sur le champ à une très-belle couleur bleue; j'ai imaginé de là que le vert n'étoit qu'accidentel, que la félénite & le fer contenu dans les eaux précipités par l'alkali fixe, &c. étant changé en bleu par le principe fulphureux, fuivant la théorie que nous en a donnée M. Macquer, il ne pouvoit y avoir qu'une furabondance de terre jaune ferrugineufe qui n'avoit pû être changée en bleu, & qui avoit communiqué la couleur verte à la fécule, par la raifon qu'avec du jaune & du bleu l'on fait du vert.

La fuite de ce Mémoire va prouver que mes conjectures ont été juftes : pour féparer cette furabondance de fer, j'ai fait chauffer de l'Eau Minérale dans une marmite de fer neuve ; dès le commencement de l'ébullition, elle a pris une couleur jaune très-foncée ; j'ai faifi ce moment pour filtrer la liqueur, & il m'eft refté fur le filtre cette terre jaune furabondante que je cherchois : ma liqueur étant parfaitement claire & encore chaude, j'y ai versé peu-à-peu de ma liqueur alkaline sulphureuse, j'ai obtenu à l'inftant une fécule d'un très-beau bleu, fans avoir eû befoin d'être *avivée* par les acides, ce qui le rend fupérieur au bleu de Pruffe ordinaire, qui s'écrafe difficilement fous la molette, au lieu que ce dernier eft doux au toucher & très - facile à s'écrafer fous les doigts. Employé dans la Peinture, il donne un beau bleu trèsfoncé ; M. Boucher Peintre, fi connu par fes Ouvrages, l'a employé avec fuccès. Je regarde auffi comme un avantage très - grand de n'être point obligé de me fervir des acides minéraux pour *aviver* ce bleu. Les Artiftes qui employent cette couleur dans leurs Ouvrages ne peuvent s'attendre à les voir conferver long-temps leur

fraîcheur tant qu'ils se serviront
d'un bleu qui aura passé par les
acides : car quelques précautions
que l'on prenne pour le laver , il
en reste toujours une petite portion qui avec le temps attaque
cette couleur & en détruit l'é-
clat.

Cette observation est de M.
Geoffroy : M. Macquer a pourtant démontré que les acides minéraux ne dissolvoient ni même
n'altéroient point le bleu de
Prusse par les différentes dissolutions qu'il en a tentées. Il a remarqué seulement qu'ils lui don-
noient plus d'intensité ; il ne pré-
tend pas pour cela contredire le
sentiment de M. Geoffroy, d'autant plus qu'il m'a dit n'en avoir
fait aucun essai dans la Peinture,
& qu'il ne seroit pas impossible
que l'action de l'air combinée
avec celle de l'acide , ne pût à la
longue produire une altération
que

que l’acide feul n’occafionne pas
d’abord : certainement Monfieur
Geoffroy n’a avancé ce fait que
d’après l’expérience.

Je crois devoir faire obferver
dans ce Mémoire que pour obtenir la fécule bleue avec la liqueur
alkaline fulphureufe , il eft très-
important de bien faifir l’inftant
de l’ébullition de l’Eau Minérale,
où il fe fait une féparation de terre
jaune pour la filtrer , parce que fi
on laiffe précipiter la félénite , on
n’obtient qu’une fécule tirant fur
le noir. Cette opération prouve
la parité & la néceffité de la félénite , ou de la terre de l’aluu dans
la compofition du bleu. J’ai rendu
le fuccès de cette opération encore plus certain , en ajoutant une
diffolution d’alun à l’Eau Minérale dont j’avois laiffé précipiter la
félénite; à peine y ai-je verfé de ma
liqueur alkaline fulphureufe , que
j’en ai obtenu une fécule d’un

E

beau bleu, qui n'étoit pourtant
pas aussi foncé que celle que j'a-
vois tirée de mes derniéres opérations ; j'ai attribué ce changement à une trop grande quantité
de terre alumineuse qui avoit été
précipitée par l'alkali fixe, & qui
avoit étendu davantage les parti-
cules de fer changées en bleu. J'ai
recommencé l'expérience en ajoûtant moins d'alun à une portion
de la même liqueur que j'avois
réservée, ma liqueur alkaline sulphureuse, y étant mêlée, j'ai obtenu un bleu beaucoup plus foncé & tel que je le desirois.

Mon objet en traitant ce bleu,
étant d'en abreger le travail & de
chercher à donner plus de facilité
à ceux qui voudroit s'occuper de
cette opération, j'aurois bien tenté le procédé de M. Macquer en
saturant ma liqueur alkaline sulphureuse de la partie colorante
du bleu de Prusse, par le procédé

qu'il a donné dans son Mémoire à l'Académie, dans la rentrée publique de l'année 1752 ; mais cette opération quoique fort intéreſſante pour la théorie, devenant trop diſpendieuſe dans la pratique, j'ai imaginé d'extraire d'une façon plus aiſée le bleu de ces Eaux Minérales ſans être obligé de ſéparer la terre jaune ; j'ai pris pour cet effet environ deux onces d'alun groſſiérement concaſſé, je l'ai fondu dans un demi-ſeptier d'eau bouillante ; j'ai mêlé cette diſſolution avec deux pintes & chopine d'Eau Minérale chauffée ſans precaution ; j'ai filtré ſur le champ, enſuite j'y ai verſé peu-à-peu de ma liqueur alkaline ſulphureuſe, telle que je l'ai décrite ci-deſſus, à l'exception pourtant que j'en ai augmenté le poids du ſang de bœuf de deux onces, afin de charger davantage ma liqueur alkaline, de ce principe fulphureux qui donne le bleu au fer, j'ai obtenu de cette opération une fécule d'un affez beau bleu. Je ne défigne point le poids de la liqueur alkaline qu'il faut y faire entrer, il fuffit d'en verfer peu-à-peu, & de ceffer à l'inftant qu'on s'apperçoit que le bleu qui fe forme eft moins beau que celui qui s'eft précipité le premier. Le mouvement de l'effervefcence étant fini, la liqueur étant parfaitement repofée, il faut avoir grande attention de la décanter de deffus la fécule, & d'en enlever le plus que l'on pourra; il faut enfuite noyer la fécule dans une certaine quantité d'eau de puits que l'on décantera de nouveau, dès qu'elle fera devenue claire; on peut alors mettre égouter la fécule fur un filtre & la porter enfuite au féchoir; fi l'on ne prenoit point toutes ces précautions, la premiére liqueur que l'on fépare de

deſſus la fécule , ayant une couleur verte tranſparente , à raiſon
d'une portion de vitriol de Mars ,
dont elle eſt encore chargée, cette
même liqueur , dis-je , dépoſeroit
avec le temps une portion de
terre jaune ferrugineuſe qui ſe
mêleroit avec le bleu & qui en al-
téreroit plus ou moins la perfec-
tion.

Ce nouveau travail pourroit
encore , s'il étoit néceſſaire , ſervir
de preuve à l'exiſtence du vitriol
martial pur & de la ſélénite dans
l'Eau Minérale de Monſieur DE
CALSABIGI. Je ne crois pas qu'aucun Auteur ait démontré auſſi
ſenſiblement le fer contenu dans
aucune Eau Minérale. Le fameux
Henckel a bien démontré le fer
dans la ſoude , par la petite portion de bleu qu'il en a tirée : M.
Geoffroy , lui-même , d'après le
travail de ce fameux Chimiſte , a
tiré des criſtaux de ſel de Glauber

coloré d'un très-beau bleu de fa-
phir, en verfant de l'acide vitriolique fur le fel alkali de foude,
cherchant à prouver que fa bafe
étoit la même que celle du fel
marin ; mais tous ces travaux
n'ont jamais fourni à ces célébres
Chimiftes une auffi grande quantité de bleu auffi parfait que celle
que j'ai retirée de ces nouvelles
Eaux Minérales.

Je n'ai point regardé comme
inutiles dans ce Mémoire les dé-
tails dans lefquels je fuis entré ;
j'ofe me flatter que juftement ap-
préciés, ils pourront être de quelque fecours à ceux qui s'occu-
pent de la Chimie.

Signé à l'Original, CADET.

& Certificats de Messieurs les Médecins & Chirurgiens, suivant l'ordre dans lequel les expériences ont été faites.

NOus Conseiller Médecin Ordinaire du Roi, servant par quartier, & ancien Professeur Royal de Médecine en l'Université de Provence, certifie que les Eaux Minérales que Monsieur & Madame DE CALSABIGI ont nouvellement découvertes dans leur maison de Campagne de Passy, nous ont produit des effets très-avantageux dans différentes maladies opiniâtres qui avoient résisté aux remédes ordinaires de la Médecine, quoiqu'employés & prescrits par des personnes de l'Art les plus entendues. Sçavoir dans une diarrhée invétérée, dont M. des Roches de Romieu, rue de la Feuillade, étoit attaqué depuis plus de

six mois : ce malade étoit exte-
nué, maigre, & ne faisoit aucune
bonne digestion ; il avoit une fié-
vre habituelle & une foiblesse
considérable de poitrine qui faisoit craindre qu'il ne tombât dans
l'éthisie.

Après l'avoir purgé avec une
expression de rhubarbe, faite dans
une quantité suffisante de décoction, de demi-once de racine de
polypode de chêne : nous l'avons
mis à l'usage des Eaux Minérales
ci-devant citées, coupées par deux
tiers d'eau de riz. Le malade en a
ressenti de si bons effets qu'il a été
guéri de sa diarrhée dans moins
de 20 jours ; son estomach a repris ses fonctions & son ressort,
& le malade a passé ensuite à l'u-
sage du lait, qui lui a procuré son
premier embonpoint. En foi de
quoi j'ai donné le présent Certificat ; à Paris, ce 3 Juin 1755. *Signé* à l'original, FAURE DE BEAU-
FORT.

Nous Conseiller Médecin ordinaire du Roi, servant par quartier certifions à tous ceux à qui il
partiendra, que M. le Chevalier
Perrin, Commissaire des Guerres,
a usé avec tous les succès possi-
bles des Eaux Minérales de Monsieur & de Madame DE CALSABIGI
à l'occasion d'une affection scor-
butique dont ledit sieur Perrin
étoit attaqué depuis plusieurs années, dont il est entiérement guéri, ayant pris lesdites eaux, soit
intérieurement, ou en forme de
gargarisme ; ses gencives & ses
dents se sont rétablies & affermies.
En foi de quoi nous avons donné
le présent ; à Paris, ce 10 Juillet
1755. *Signé* à l'original, FAURE
DE BEAUFORT.

Nous Conseiller Médecin ordinaire du Roi, ancien Professeur
Royal de Médecine en l'Université d'Aix en Provence, & Méde-

cin ordinaire du S. A. S. Monseigneur le Comte de Clermont, attestons à tous ceux à qui il appartient que Madame la Comtesse de *** a usé avec tous les succès imaginables, tant intérieurement qu'en injection, des Eaux Minérales de Monsieur & Madame DE CALSABIGI à l'occasion d'une perte appellée *fluxus albus* & invétérée, dont elle a été entiérement guérie au bout de trois mois qu'elle en a fait usage. En foi de quoi nous avons fait le Certificat ; à Paris ce 15 Août 1755. *Signé* à l'original, FAURE DE BEAUFORT.

Nous Conseiller Médecin ordinaire du Roi, servant par quartier, ancien Professeur Royal de Médecine en l'Université de Provence, certifions que M. le Comte d'Allion, ci-devant Ministre Plénipotentiaire à la Cour de Russie, a ufé avec tout le fuccès poffible des Eaux Minérales de Monfieur & Madame DE CALSABIGI, à l'occafion d'un relâchement confidérable des gencives qui rendoit toutes fes dents tremblantes & chancelantes, lefquelles ont été affermies par la vertu vulneraire & aftringente defdites eaux. En foi de quoi nous avons fait le préfent Certificat ; à Paris, le vingt Août 1755. *Signé* à l'original, FAURE DE BEAUFORT.

Je fouffigné Chirurgien Major, Infpecteur Général des Hôpitaux Militaires, &c. certifie avoir fait prendre avec fuccès les nouvelles Eaux de Paffy, dont la fource eft chez M. DE CALSABIGI, à un malade qui étoit fort incommodé d'un écoulement opiniâtre à la fuite d'une maladie vénérienne ; ce 16 Octobre 1655. *Signé* à l'oginal, MORAND.

Je fouffigné Maître en Chirurgie, certifie avoir fait faire ufage avec un très - grand fuccès des Eaux Minérales de M. DE CALSABIGI, à trois malades attaqués chacun d'une gonorrhée qui avoient refifté aux remédes généraux. A Paris, ce 20 Octobre 1755. *Signé* à l'original, CADET.

Je fouffigné Docteur-Régent de la Faculté de Médecine en l'Univerfité de Paris, Confeiller Médecin ordinaire du Roi, & de fon Hôtel Royal des Invalides, certifie qu'ayant fait faire ufage des Eaux de Monfieur & Madame DE CALSABIGI à différens malades attaqués d'hémorrhagies confidérables, faignemens du nez, flux hémorrhoïdiaux très-invéterés, elles ont réuffi avec tout le fuccès imaginable. Fait à l'Hôtel Royal des Invalides, ce 20 Octobre 1755. *Signé* à l'original, MUNIER.

Je souffigné Docteur - Régent de la Faculté de Médecine en l'Univerfité de Paris, certifie qu'il y a environ un an que je fus appellé pour voir la nommée Odot demeurant pour lors rue Montmartre, Paroiffe S. Euftache, & que je la trouvai dangereufement malade dans un grenier où elle habitoit, & où je la traitai pendant trois ou quatre jours, après lefquels fes voifines me dirent que ladite Odot n'avoit pas les moyens de continuer les remédes que je lui prefcrivois, pour quoi on avoit été obligé d'avoir recours aux Sœurs de la Paroiffe qui avoient envoyé le Médecin du quartier; depuis ce tems j'ai été quatre ou cinq mois fans voir ladite Odot, qui eft venue me confulter chez moi, je lui ai ordonné plufieurs faignées & remédes pour un vomiffement de fang qu'elle avoit à la fuite de ces remédes ; elle ma dit qu'elle avoit trouvé une Dame charitable qui lui donneroit tous les remédes que j'ordonnerois, fur quoi je lui ai ordonné deux médecines à différentes fois, que ladite Odot ma dit avoir prifes ; elle ma déclaré auffi avoir pris deux bouteilles d'Eaux Minérales que ladite Dame, qu'elle m'a dit être Madame de Calsabigi, lui avoit fait prendre. Cejourd'hui ladite Odot m'eft venue trouver & a requis un certificat de l'état où je la trouve, que je certifie être beaucoup meilleur que dans aucun tems où je l'aie vûe & traitée. A Paris, ce 25 Octobre 1755. *Signé* à l'original, Nouguez D. M. P.

Je fouffigné Docteur - Régent de la Faculté de Médecine, certifie avoir fait prendre avec fuccès les Eaux nouvellement découvertes à Paffy dans la Maifon de Madame DE CALSABIGI, à un malade incommodé d'un écoule-ment féminal à la fuite d'une go-norrhée ancienne. A Paris, ce 17 Novembre 1755. *Signé* à l'origi-nal , LAVIROTTE.

Je fouffigné principal Chirur-gien de la Salpétriére , certifie que les Eaux de Madame DE CAL-SABIGI prife en boiffon à la dofe d'un verre fur cinq d'eau com-mune, ont arrêté en deux jours une hémoptyfie rebelle. Que ces mêmes eaux prifes à pareilles do-fes, ont fait ceffer en deux ou trois jours un autre hémoptyfie. Que ces eaux prifes tant en boif-fon qu'en injection ont rendu fu-portable l'état de deux perfonnes qui périffoient de fleurs blanches. Enfin que deux perfonnes à qui j'avois lié & fait tomber quatre polypes du nez, ont recouvré une refpiration encore plus libre après l'ufage de ces eaux, que je leur faifois refpirer plufieurs fois dans la journée par le nez. Effet dont on fut redevable fans doute au ton qu'elles rendirent aux fibres trop relâchées & fpongieufes de la membrane pituitaire. En foi de quoi j'ai donné le préfent Certificat ; à Paris, ce 6 Décembre 1755. *Signé* à l'original, TENON.

Je fouffigné Chevalier de Saint Michel, Confeiller Médecin du Roi, Docteur-Régent, ancien Profeffeur de la Faculté de Médecine de Paris, Cenfeur Royal, & de la Société Royal de Londres, certifie avoir lû plufieurs Analyfes des Eaux Minérales nouvellement découvertes à Paffy dans la Maifon de M. & de Madame DE CALSABIGI ; lefquelles Analyfes font faites avec beaucoup de foin, entre autres celle faite par ordre de M. de Senac, premier Médecin du Roi , par M. Venel, Docteur en Médecine de la Faculté de Montpellier , & M. Bayen ; j'ai vû avec satisfaction que toutes celles qui ont été faites depuis s'accordoient à attribuer à ces eaux une vertu ferrugineuse & astringente très-forte , au point que ces eaux auroient besoin d'être mitigées avec une quatriéme , souvent une cinquiéme partie d'eau commune pour pouvoir être prises intérieurement, selon la nature de la maladie, la délicatesse de la partie affectée , la complexion plus ou moins délicate des malades , dont le Médecin seul peut juger. J'ai tenté de donner de ces eaux à quelques malades, en différens cas de pertes immodérées de sang , ou de déperditions d'autres humeurs contre nature ; elles ont été d'un secours très-efficace à tous ces malades , dont les uns ont été gué-

ris de pertes de sang, & d'autres fort soulagés des écoulemens
qu'ils avoient, & rétablis en partie
du desséchement & de la mai-
greur où ils étoient tombés. En
foi de quoi j'ai signé le présent
Certificat pour valoir ce que de
raison ; à Paris, ce 6 Décembre
1755. *Signé* à l'original, BOYER.

Je soussigné Docteur - Régent
de la Faculté de Médecine en l'U-
niversité de Paris, Conseiller Médecin ordinaire du Roi & de son
Hôtel Royal des Invalides, certifie que le nommé Jean Cuilleau,
dit la Jeunesse, ci-devant Soldat
au Régiment de Champagne,
étant en garnison à Verdun, fut
subitement attaqué d'un devoie-
ment en 1752. qu'il a toujours
gardé malgré les différens remédes qu'on lui a donnés à l'Hôpital
jusqu'au 26 du mois d'Octobre
1755. qu'il a été reçu aux Inva-

lides, & y a été guéri de fa maladie avec le feul ufage des eaux de
Monfieur DE CALSABIGI. Fait à
l'Hôtel Royal des Invalides ce 8
Décembre 1755. *Signé* à l'original , MUNIER.

Je fouffigné Docteur - Régent
de la Faculté de Médecine de Paris , certifie avoir vû & traité la
nommée Baudot, qui après avoir
fait ufage des Eaux Minérales
nouvellement découvertes dans
la Maifon de Campagne de Monfieur & Madame DE CALSABIGI,
a été guérie d'un vomiffement de
fang périodique qu'elle avoit depuis très - longtems ; ce qui étoit
d'autant plus dangereux qu'il
avoit réfifté jufqu'alors aux remédes généraux, & que la malade
fe trouvoit reduite au dernier degré de marafme. A Paris , ce 9
Décembre 1755. *Signé* à l'original , MILHIN.

Je souffigné Maître en Chirurgie , reçu à Paris pour les dehors,
& de préfent Chirurgien de S. A.
Monfeigneur le Prince Louis de
Wirtemberg, certifie à tous ceux
qu'il appartiendra , qu'à l'exemple de plufieurs Médecins & Chirurgiens de cette Ville , qui ont
fait faire ufage à plufieurs malades des Eaux Minérales de Monfieur & Madame DE CALSABIGI,
avec un fuccès qui a répondu à
leur attente , j'ai fuivi leur exemple , & elles ont également réuffi
à ma fatisfaction , ainfi qu'à celle
des malades que j'ai traités, qui
feront ci-après dénommés , en les
employant à différens maux , comme playes , ulcéres, galle lépreu-
fe , & teigne , &c.

Premierement à un Peintre de
bâtiment qui avoit eû une éréfi-
pelle au pied gauche qu'il avoit
négligée pendant longtems,& qui
s'étoit ulcérée avec une deman-

geaiſon dans toute cette partie qui lui étoit inſupportable , lequel après avoir été ſaigné & purgé , je lui ai fait baſſiner ſon pied pluſieurs fois par jour en y appliquant des compreſſes toujours bien humectées , il s'eſt trouvé guéri après 15 jours d'uſage deſdites eaux , & tous les accidens ont diſparu.

2°. La fille de M. Aubert , Maître Brodeur , rue de Beauregard , âgée de 18 ans environ , avoit une galle lépreuſe répandue par tout ſon corps , laquelle n'avoit encore eu ſes régles qu'une fois ou deux , je lui ai fait faire uſage deſdites Eaux Minérales pendant un mois & demi , à raiſon de trois chopines par jour priſes intérieurement juſqu'à une agréable acidité , & lui ai fait faire des lotions ſur les parties affectées avec cette eau tiéde , & après ce tems elle a eu ſes régles & s'eſt trouvée guérie de ſa galle lépreuſe.

3°. Un garçon Vitrier , travailfant à l'Abbaye de Chelles, de préfent demeurant Cour du Dragon, avoit un ulcére à la jambe gauche, qui lui occupoit depuis la partie moyenne fupérieure jufqu'à l'inférieur du tibia, & beaucoup de chair livide ; je lui ai fait appliquer des lotions plufieurs fois par jour & des compreffes bien imbibées, il a été radicalement guéri après avoir été faigné & purgé plufieurs fois.

4°. La femme d'un Huiffier à Robe-Courte, demeurant Cour des Fontaines, avoit depuis plufieurs années un écoulement de fleurs blanches & une perte de fois à autre ; je lui ai fait faire ufage intérieurement defdites eaux jufqu'à une agréable acidité ; elle s'eft injectée la partie auffi entérieurement plufieurs fois, elle ma déclaré ne plus reffentir les cuiffons qu'elle avoit auparavant, elle a été guérie radicalement en 18 jours après l'avoir purgée. A

Paris, ce 14 Décembre 1755. *Signé* à l'original, ROUSSELOT, Chirurgien de S. A. Monseigneur le Prince Louis.

Je souffigné Docteur - Régent de la Faculté de Médecine en l'Université de Paris, certifie avoir ordonné avec beaucoup de succès les nouvelles Eaux Minérales de Paſſy dans une gonorrhée ancienne. En foi de quoi j'ai délivré le préſent Certificat, pour ſervir à ce que de raiſon ; donné à Paris, ce 20 Décembre 1755. *Signé* à l'original, DE GEVIGLAND.

Je souffigné Maître en Chirurgie & Chirurgien de la Maiſon de Bicêtre, certifie que les Eaux de Paſſy qui appartiennent à Madame DE CALSABIGI, ont produit des effets merveilleux ſur pluſieurs malades attaqués de ſcorbut porté au plus haut degré, & qu'ils ont guéri beaucoup plus

promptement qu'avec les remédes ordinaires. En foi de quoi j'ai
signé le préfent ; fait à Bicêtre le
22 Février 1756. *Signé* à l'original , THOMAS.

    Nous fouffigné Docteur en Mé-
decine & premier Médecin de
S. A. S. Monfeigneur le Duc d'Orléans , certifions avoir fait ufage
de l'Eau Minérale de Paffy de la
fource de M. DE CALSABIGI pour
un écoulement feminal à la fuite
d'une gonorrhée virulente qui duroit depuis longtems , pour lequel
on avoit employé inutilement
plufieurs autres remédes , laquelle eau nous avons d'abord coupée de trois quarts d'eau commune fur un quart de ladite Eau Minérale , nous l'avons enfuite coupée de deux tiers , & enfin de
moitié , dont la malade en buvoit
d'abord une pinte , & enfuite deux
pintes tous les jours au matin à
jeun ,

jeun, lequel écoulement a ceſſé entiérement au bout de 15 jours & n'eſt pas revenu depuis. Nous avons de plus obſervé que le malade qui en a fait uſage n'en a ſenti aucuns fâcheux effets, comme peſanteur d'eſtomach, nauſées, cette eau ayant paſſé facilement par les urines. En foi de quoi nous avons donné le préſent Certificat, au Palais Royal ce premier Avril 1756. *Signé* à l'original, PETIT.

Je ſouſſigné Chirurgien ordinaire du Roi, ſervant par quartier, Membre de l'Académie Royale de Chirurgie, certifie avoir conſeillé à pluſieurs malades de prendre des Eaux de Madame DE CALSABIGI, & qu'ils s'en ſont bien trouvés. A Paris, ce 10 Mai 1756. *Signé* à l'original ; DARAN.

Nous ſouſſignés, certifions avoir fait l'analyſe & examiné par pluſieurs expériences les Eaux Miné-

rales trouvées à Paſſy dans le jardin de Monſieur & de Madame DE
CALSABIGI quelque tems après
leur découverte ; nous les avons
jugé être chargées d'une très-gran-
de quantité de ſel vitriolique,
martial, & ſéléniteux , exempt
abſolument de cuivre , & nous
n'avons connoiſſance d'aucune
Eau Minérale qui en contienne
autant ; en conſéquence nous
avons conjecturé qu'elles devoient
être aſtringentes, apéritives & con-
venables dans les maladies qui dépendent du relâchement des fibres , & dans la plûpart des cas
où il faut rétablir le reſſort des
parties, comme dans les hémorrhagies , dans les pertes de ſang
de la matrice, les fleurs blanches,
les gonorrhées ſimples & les écoulemens ſéreux opiniâtres qui reſ-
tent après les gonorrhées véné-
riennes , les employant toutefois
avec précaution, & en les cou-

pant avec une quantité proportionnée d'eau commune. En effet nous les avons employées l'année derniére avec succès pour Madame Fauquel, âgée de quarante-six ans, épouse de M. Fauquel, Officier de la Chambre de S. A. S. Monseigneur le Duc d'Orléans, qui avoit une perte de sang habituelle depuis environ trois ans, suite du derangement de ses régles. Cette perte revenoit par accès assez fréquens, & la malade perdoit une si grande abondance de sang qu'elle se trouvoit souvent au risque de la vie par les grandes syncopes dans lesquelles elle tomboit ; elle étoit accompagnée de douleurs très-vives à la tête, & aux lombes, d'une tension douloureuse dans tout l'abdomen, principalement au côté gauche. Ayant fait faire nombre de saignées & plusieurs autres remédes inutilement, nous lui avons conseillé l'ufage defdites eaux , en commençant par en donner un demi‑feptier , auquel on mêloit trois demi‑feptiers d'eau commune ; elle a continué cette pinte d'eau ainfi préparée pendant huit jours tous les matins , au bout duquel tems voyant que ladite eau paffoit bien , ne caufoit aucune incommodité à la malade , qu'au contraire la perte & les autres accidens diminuoient , nous lui en avons fait prendre une pinte coupée de moitié eau commune que nous avons fait continuer encore huit jours , pendant lequel tems la perte s'eft arrêtée entiérement ainfi que les douleurs & les autres fymptômes ; après quoi nous avons interrompu lefdites eaux pendant quinze jours , pendant lequel tems les régles font revenues dans leur quantité ordinaire , & la malade s'eft trouvée en très‑bon état ; le vifage qui

étoit extrêmement pâle & bouffi
eſt revenu dans ſon état naturel;
toutes les douleurs ſe ſont diſſi-
pées , ſes forces & ſon appetit ſe
ſont rétablis ; cependant pour
empêcher le retour de la perte,
nous lui avons conſeillé d'en faire
uſage encore pendant 15 jours,
& d'en boire une pinte, de jours
à autres , coupée de moitié eau
commune , comme ci-deſſus , ce
qui a achevé de rétablir entiérement ſa ſanté, au point qu'elle a
été reglée quatre ou cinq mois de
ſuite , que depuis ce tems les régles ont ceſſé d'elles - mêmes ſans
aucun accident , & qu'elle a joui
d'une aſſez bonne ſanté ſans aucun retour de la perte. Nous
avons eu ſeulement attention de
la purger quelques fois pendant
l'uſage deſdites eaux , & de la
faire ſaigner du bras enſuite par
précaution.

Dans le même tems nous avons

auffi employé ces mêmes eaux dans un écoulement opiniâtre refté d'une gonorrhée virulente qui avoit été traité très-longtems par les meilleures méthodes, dans un homme d'environ quarante ans, auquel nous avons fait faire ufage defdites eaux depuis une jufqu'à deux pintes par jour pendant un mois à plufieurs reprifes, avec les précautions ci-deffus, c'eft-à-dire, d'ajouter les trois quarts d'eau commune, enfuite le tiers, & enfin moitié ; l'écoulement a ceffé peu à peu fans que le malade en ait fenti aucun mauvais effet, ni à l'eftomach ni à la poitrine, & l'écoulement n'a point reparu depuis, le malade ayant toujours joui depuis ce tems d'une très-bonne fanté. A Paris, ce 13 Mars 1757. *Signés* à l'original, PETIT, premier Médecin de Son Alteffe Séréniffime Monfeigneur le Duc d'Orléans ; PETIT fils, Mé décin ordinaire de Son Alteſſe Séréniſſime Monſeigneur le Duc d'Orléans.

La reputation que ſe fait de jour en jour l'Eau Minérale de Monſieur DE CALSABIGI, m'engagea au mois de Février 1756, d'en donner à une perſonne de nom, qui avoit eu le malheur de gagner une galanterie ; il en étoit guéri, à cela près d'un vice local, il avoit vû beaucoup de gens de l'Art ſans qu'on pût le guérir ; il m'envoya chercher le deux Février 1756. après lui avoir ordonné les remédes généraux, je lui fis prendre l'Eau Minérale de M. DE CALSABIGI, à la doſe de ſix onces dans trois demi-ſeptiers d'eau pour chaque jour, ce qu'il a continué 15 jours ; au commencement de Mars je fis mettre ſur les trois demi-ſeptiers d'eau huit onces d'Eau Minérale de Monſieur DE CALSABIGI ; j'ai fait continuer

cette boisson tout le mois de
Mars, & le malade a été parfaitement guéri ; son estomach, qui
étoit toujours derangé, va parfaitement bien ; il n'a plus ni vents
ni pesanteurs ; il vante à tous ses
amis les bons effets des Eaux Minérales de Monsieur DE CALSA-
BIGI ; c'est un témoignage que je
dois rendre au Public. En foi de
quoi j'ai donné le présent Certificat ; à Paris, ce 13 Mars 1757.
Signé à l'original, CHEVALIER,
Docteur - Régent de la Faculté
de Médecine en l'Université de
Paris.

J'ai soussigné Chirurgien Aspi-
rant à la Maitrise, certifie que les
nouvelles Eaux de Madame DE
CALSABIGI ont guéri radicalement un écoulement vénérien qui
duroit depuis deux ans ; c'est
pourquoi je lui ai délivré le présent Certificat pour lui servir au

befoin. A Paris, ce 12 Mars 1757.
Signé, à l'original, DE BAUVE.

Je certifie & déclare qu'une femme nommée Dubar, âgée de 49 ans, a eu pendant deux ans & demi une perte continuelle, qui la rendoit fi foible qu'elle ne pouvoit, non feulement marcher, mais même fe tenir debout ; elle refpiroit avec tant de difficulté qu'elle étoit à chaque inftant prête à fuffoquer ; elle avoit tantôt des fyncopes & tantôt des accès hyftériques fi violens qu'elle étoit pendant une & deux heures fans connoiffance & dans une efpéce de léthargie ; elle reffentoit dans toute la région lombaire une douleur très - violente qui devenoit alternative à la tête ; elle fe plaignoit du bas ventre, des inteftins, d'une pefanteur & d'un gonflement à l'eftomach ; le pouls débile & fouvent intermittent. Après

avoir effaié fans fuccès dans cet
intervalle tous les remédes dont
on peut ufer en pareille occafion,
a peu à peu récouvré une fanté
parfaite par l'ufage des Eaux Minérales de Paffy , de Madame DE
CALSABIGI , continuées pendant
cinq femaines tous les matins à
jeun , un bouillon demi-heure
après. En foi de quoi j'attefte le
préfent Certificat véritable pour
fervir & valoir à madite Dame ce
que de raifon ; à Paris, ce deux
Avril 1757 , DELEAU, D. M.

F I N.

TABLE

TABLE.

TABLE.

Fin de la Table.